编写组简介

江泓
古生物科普作家，博物馆研究员，中国恐龙网、化石网专家，百度恐龙吧高级会员，作品有《驰龙圣经》《恐龙秘史》等，并长期为《博物》《环球探索》等杂志和网络供稿。

制作总监　张柏赫
图书制作　长春市明洋卓安文化传播有限公司

文字内容
科学顾问　江　泓
故事编写　郝东英　张旻旻
文字整理　郝东英　李滕菲　李京键　杨静玲
文稿校对　邱　锦　袁　月　姜　微

三维制作
技术总监　张海波
灯光渲染　丁晓昕　　贴图绘制　刘宇晴
骨骼绑定　郭　强　　模型复原　于　帅

平面设计及处理
封面设计　檀　畅
图像处理　李柯菲　徐慧人　王　雪　刘美琪
　　　　　张钦华　杨欣桐

AR软件
软件策划　张柏赫
软件设计　刘黎明
软件制作　郭　强　姜　洋

软件制作　郭　强　姜　洋

龙发现故事、生存故事、形态特点和恐龙家族图谱等。

　　为了更加形象生动地还原恐龙时代的精彩和震撼，在图书制作上运用了多种技术手段。通过三维建模技术的运用，将史前世界的150只恐龙复原，这项巨大的复原工程，完美地再现了恐龙从"艰难的崛起"到成为"进化的赢家"、成为地球有史以来最"壮丽的生命"、成为"海陆空霸主"，直至"最后的辉煌"的故事；通过红蓝视差技术的运用，让读者在三维空间与恐龙共舞；通过增强现实技术的运用，让读者穿越时空，与恐龙同行。

　　让我们一起走进神奇的恐龙时代，共同探索恐龙的奥秘，发现恐龙生存的密码，破解恐龙兴衰之谜。

江　泓

目 录

恐龙，

生活在2亿5200万年前的壮丽生命，

让我们转动时光机器，

循着化石的踪迹，

进入恐龙时代。

第四章 生活在北半球的恐龙

▶ 关于恐龙的概述：《艰难的崛起》是"恐龙时代"丛书的第一部，主要介绍三叠纪时期的恐龙。考虑到很多读者可能第一次"接触"恐龙这种生物，不免会有这样的疑问：恐龙到底是什么？这种生物是什么时候出现的？在恐龙生存的那个年代，地球是什么样的……为此，在本书的前两章，本书对恐龙做了整体介绍，包括恐龙出现和灭绝的年代、恐龙化石研究、恐龙生存时期陆地板块变化、同时期主要的动植物情况。

▶ 本书的主要线索：从出土化石的分布来看，恐龙基本遍布了全球各地。本书按照区域，将三叠纪的恐龙分为南、北半球两个章节来介绍，在每个章节里，按照大洲的划分依次介绍。除了地区划分， 另一条贯穿全书的线索是恐龙故事。精彩的故事情节，使严谨的科普知识不再枯燥乏味，通过读故事，让读者了解恐龙的相关知识。

▶ 共生动物：恐龙出现在中生代的三叠纪，它们并不是三叠纪时期地球上的主要物种。为了能让读者详尽、真实地了解恐龙的生活状态，我们除了介绍恐龙的相关知识外，还介绍了一些和恐龙共同生活在一起的其他动物，如已在古生代出现的鱼类，二齿兽、哈查尔兽等二齿兽类，原始的翼龙等。

图标说明：带有特殊图标的页面，需要读者应用特殊的"道具"体验与众不同的阅读效果。

AR AR图标
代表画面内容可以通过下载应用程序，用移动终端进行"增强现实"互动阅读体验。

红蓝眼镜图标
代表本页内容可以与红蓝眼镜相结合使用，体验三维空间的视觉效果。

▶ 知识的权威性：近年来，人类在古生物学领域的研究日新月异，几乎每年都有多项重大成果出现，科学家不断地通过新的证据推翻过去的观点。考虑到科普图书的严肃性，本书所涉及的知识均为大多数科学家认可的主流观点。我们计划每两年对本书做一次修订，以吸纳本领域全球顶尖科学家最新的研究成果。

▶ 突破传统的阅读方式：与传统图书不同，本书应用了AR增强现实技术和3D红蓝立体技术，使恐龙跃然纸上，给读者带来震撼的视觉效果。

概述型页面

介绍化石、生存环境等与恐龙相关的概述性知识的页面。

引言
介绍本页的内容，将读者引入特定的阅读环境。

主图
用图片的形式展示本页介绍的主要知识点，让复杂的知识变得直观、生动。

AR图标

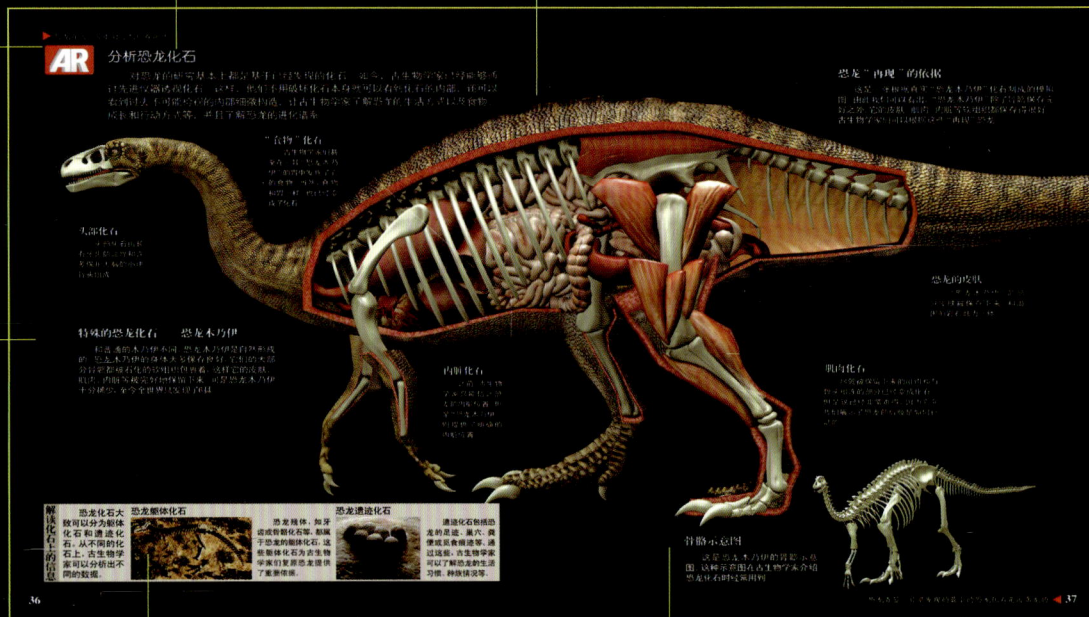

主图知识点
介绍与主图相关的知识，对主图进行详细的文字性说明。

周边性知识
介绍与本页主题紧密相关的知识，并配以图片。

主图分解知识点
用文字对主图的局部进行说明。

恐龙故事与科普型页面

将恐龙故事与科普知识相融合的页面，详细介绍具体的恐龙。

红蓝眼镜图标

恐龙生存地图
红色点状标志代表恐龙生活的地理位置。

恐龙档案
简明介绍恐龙的基本情况。

恐龙故事
从恐龙捕食、迁徙、求偶等角度介绍恐龙生存的故事。

▶恐龙百问：生活在三叠纪的原颌龟和现在的乌龟有什么不同？

敏捷龙
生存年代：距今2亿1000万年前至2亿零500万年前的早三叠纪
学　名：Halticosaurus
学名含义：敏捷的蜥蜴
食　物：肉类
体　形：体长3米至6米，高度超过1米，体重约200千克
命名人：萨缪·保罗·威尔斯
化石发现地：欧洲 德国

群居的敏捷龙
在如今的动物世界中，有很多动物以集体为单位，生活在一个大家庭中，这样的群居生活，为动物们带来了一定的好处，大多数的食草动物、鸟类都过着群居生活，这样可以通过群体的力量及早发现捕猎者，集体逃离会让捕食者无所适从，一些小型的肉食动物也依靠集体的力量来扑杀大型猎物。事实上，群居并不是现代动物的习性，早在恐龙刚刚出现的时候，一些恐龙就发现了群居的好处，比如敏捷龙。

原颌龟
原颌龟是最古老的乌龟，大约1米长，生活在三叠纪晚期的欧洲和沙漠，属于半水生生物，以植物为食。

像敏捷龙这种中型的群居肉食恐龙，在难以套个休捕猎的时候，就会组成较大的群体，集体适着什像板龙那样的猎物。如果食物丰富，敏捷龙也会单独行动，捕杀小型动物，轻松填饱肚子。同时，它们的群体十分庞大，不但数目众多，而且分工明确。看，这只游荡在湖边的敏捷龙，正是群体中的"侦查员"，当它发现无法猎杀的猎物时，就会用特殊的方式呼唤它的同伴儿，共同行动。

比较大小
蜥蜴龙是一种形体较小的食肉恐龙，身高大概只能到成年人的腰部。

76 | 77

恐龙百问答：原颌龟是现生龟、鳖类的共同祖先。它除了头部前不能缩回龟甲中等原始特征外，与现代的龟差没有太大的区别。

比较大小
用对比的方式介绍恐龙的真实大小。因为生存在三叠纪的恐龙体形较小，所以选择身高1.80米的成年人作为参照物，使读者对恐龙的大小一目了然。

主图
生动形象地展现恐龙的生活状态。

恐龙百问百答
以问答的形式，简单明了地介绍与恐龙相关的知识。问题位于左页左上侧，答案位于右页右下侧。

第一章

恐龙——神秘的生物

恐龙是什么？

　　恐龙，不是神话里的怪兽，也不是电影中虚构出来的怪物，而是一种曾经真实生活在地球上的古老生物。具体来说，恐龙是一种生活在中生代的爬行动物。

　　事实上，恐龙曾统治地球长达1.6亿年——从恐龙出现的2.3亿年前，到它们灭绝的6500万年前为止。在恐龙最鼎盛的侏罗纪到白垩纪期间，地球上到处都是恐龙的身影。或许你不会相信，也无法想象，在那个时代，陆地上或沼泽附近生活的恐龙极其繁盛，几乎成为动物界的主宰。

对恐龙的误解

　　人们一直都认为，所有的恐龙都是体形巨大、异常凶猛的动物。事实上，那些"大块头儿"恐龙只是恐龙家族中的部分成员。在恐龙家族中，还有很多体形很小的成员，一些身材"娇小"的恐龙甚至和鸽子差不多大。

恐龙名字的由来

早在19世纪，欧洲人就挖掘出许多奇特的化石——这些化石和蜥蜴的骨骼很相似，却巨大无比。从骨骼结构上推断，这种动物甚至可以直立行走。这些化石引起了人们不同的猜想，直到1942年，英国古生物学家理查德·欧文创建了"dinosaur"这一名词，用来统一称呼这些"大家伙"。这个英文单词来自希腊文deinos（恐怖的）和sauros（蜥蜴或爬行动物），意思为恐怖的蜥蜴。

后来，中国、日本等国的生物学家把这个单词翻译为"恐龙"，因为在这些国家中，本身就有关于"龙"的传说。借助"龙"的形象，更能让人们对这种生物产生敬畏之情和好奇之心。

中国龙的形象

恐龙百答：目前，被发现的恐龙有上百种。随着恐龙研究工作的不断进展，我们所知道的恐龙种类还会不断增加。

恐龙生存的那个年代——中生代

恐龙生活的年代为中生代。"中生代"这个词语是由英国地质学家J·菲利普斯于1841年首先提出来的，表示这个时代的生物具有古生代和新生代之间的过渡性质。中生代包含三个时期，按照时间的先后顺序，分别是三叠纪、侏罗纪和白垩纪。

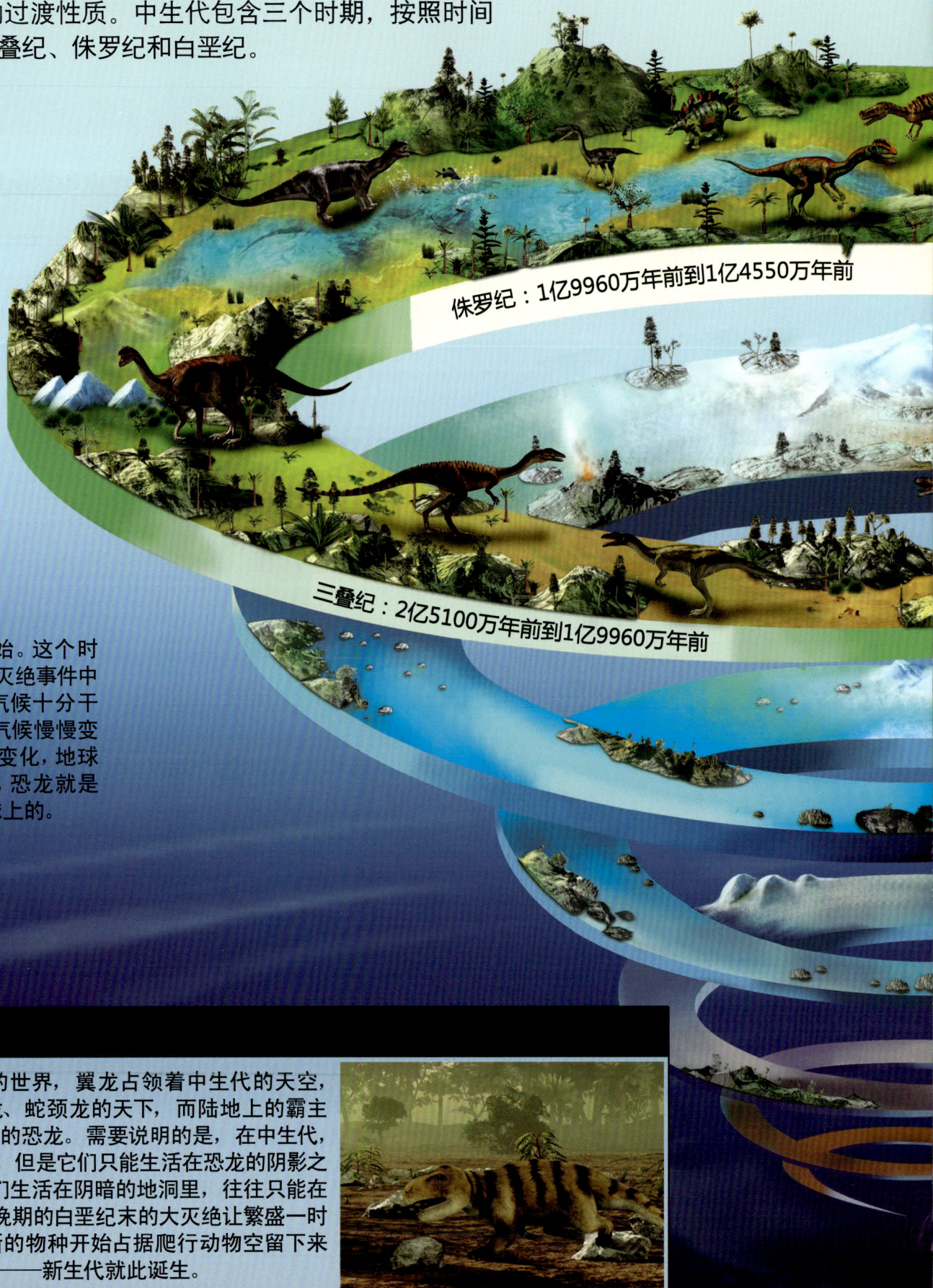

侏罗纪：1亿9960万年前到1亿4550万年前

三叠纪：2亿5100万年前到1亿9960万年前

三叠纪

三叠纪是中生代的开始。这个时候，地球刚刚从一次巨大的灭绝事件中苏醒过来。三叠纪早期的气候十分干燥，但是到了中期和晚期，气候慢慢变得温暖、湿热。随着气候的变化，地球变得越来越适合生物生长，恐龙就是在这个时候悄悄出现在地球上的。

爬行动物的时代

中生代是爬行动物的世界，翼龙占领着中生代的天空，海洋则是大型凶猛的鱼龙、蛇颈龙的天下，而陆地上的霸主则是大大小小、形态各异的恐龙。需要说明的是，在中生代，原始的哺乳动物已经出现，但是它们只能生活在恐龙的阴影之下。为了自己的安全，它们生活在阴暗的地洞里，往往只能在夜晚出来觅食。在中生代晚期的白垩纪末的大灭绝让繁盛一时的爬行动物走向衰落，新的物种开始占据爬行动物空留下来的生态位，一个新的时代——新生代就此诞生。

侏罗纪

侏罗纪是中生代的第二个纪,开始于三叠纪—侏罗纪灭绝事件。侏罗纪时期全球各地的气候都很温暖,新形成的海洋产生了湿润的风,为内陆的沙漠带来了雨,植物也从海边延伸至从前的不毛之地。在这种情况下,恐龙迅速地发展起来,并以惊人的速度占领了地球,成为地球的统治者。

白垩纪

白垩纪是中生代的最后一个纪,也是地球变化最严重的时期。这个时期,大陆被海洋完全分开,地球变得温暖、干旱。地球上迎来许多新的开花植物,许多新的恐龙种类不断出现,恐龙仍然统治着陆地,翼龙在天空中滑翔,巨大的海生爬行动物统治着浅海。

白垩纪:1亿4550万年前到6550万年前

中生代的地球板块的变化

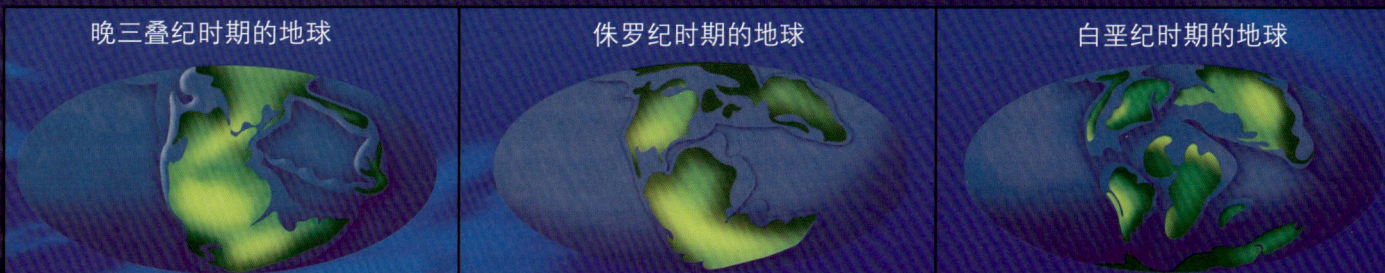

晚三叠纪时期的地球	侏罗纪时期的地球	白垩纪时期的地球

恐龙百答: 在中生代开始时,原来将各大陆连接为一块的超大陆 —— 盘古大陆开始慢慢分裂,分成南、北两片。北部大陆进一步分裂为北美和欧亚大陆,南部大陆分裂为南美、非洲、印度与马达加斯加、澳大利亚和南极洲,只有澳大利亚没有和南极洲完全分裂。

中生代的灭绝事件

　　在地球的发展史上，生命从无到有，再到多样化，经历了长达数亿年的时间。科研人员根据化石考证，地球至少发生过五次生物大灭绝和若干次小型的生物灭绝事件。在灭绝事件中，尤其是在大型灭绝事件中，几乎所有的生物，无论是生活在陆地、海洋，还是空中的，都未能逃过劫难，甚至会有多种不同的生物类群一起灭绝，但也会有一些生物幸存下来，甚至会有一些物种从此诞生并开始繁盛。

　　在中生代漫长的历史中，一共发生了三次灭绝事件。这三次灭绝事件，为恐龙带来了希望、繁荣和灭亡。

二叠纪—三叠纪灭绝事件

　　中生代是从二叠纪—三叠纪灭绝事件开始的。这是地球经历的最严重的灭绝事件，96%的物种都灭绝了。生态系统获得了一次最彻底的更新，为恐龙等爬行类动物的进化铺平了道路。据推测，频繁的海平面下降和大陆漂移，造成了这次最严重的物种大灭绝。

三叠纪灭绝事件

在中生代一个纪快要结束的时候，就是三叠纪末期，再次发生了灭绝事件。在这次灭绝事件中，海洋生物和陆地生物再次遭到了重创。许多早期的恐龙也在这次灭绝中销声匿迹，有一小部分恐龙幸存下来。事实上，这次灭绝事件为恐龙的发展提供了巨大的机会。从此以后，恐龙这一种族便快速地发展起来，逐渐成为地球的霸主。这次大灭绝没有明显的时间节点，海侵事件可能是造成这次灭绝的主要原因。

白垩纪灭绝事件

距今6500万年前的白垩纪末期，发生了地球历史上最著名的灭亡事件——这次灭亡事件结束了长达1.6亿年之久的恐龙时代，并为哺乳动物及人类的登场提供了契机。

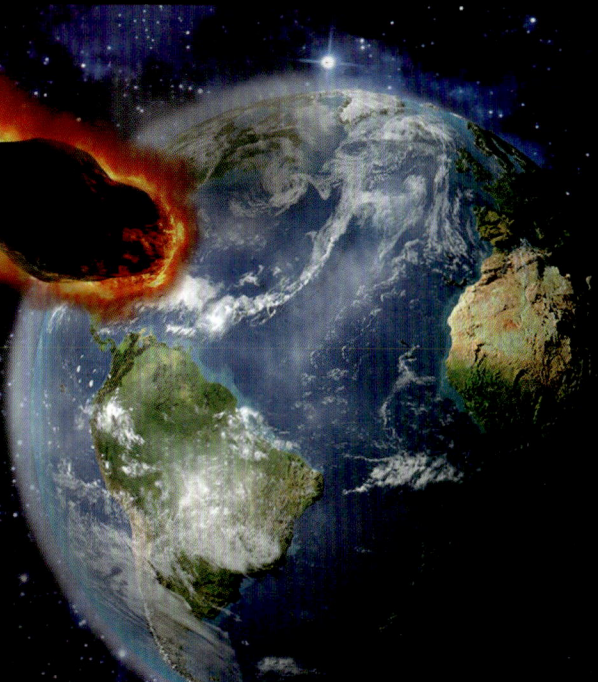

AR

恐龙的前世今生

恐龙在地球上生活了1.65亿年，但是它们并不是刚刚出现就成为地球的统治者的，它们经历了漫长而艰辛的进化过程，才成为地球霸主。

地球霸主

经过漫长的演变，在白垩纪，恐龙成为地球陆地上名副其实的霸主——它们分布在地球的各个大陆，甚至在南北极也出现了它们的身影。这时的恐龙已经没有了对手，肉食恐龙和植食恐龙之间的斗争成为地球上最残酷的斗争。

始盗龙（2.5亿年前）

始盗龙生活在三叠纪晚期，是最古老的兽脚类肉食恐龙之一，它的身材十分"娇小"，身长只有1米左右，身高大概是0.3米。

越来越大

在漫长的1.65亿年间，恐龙经历了从小到大、从简单到复杂的演变过程。

食肉牛龙（7500万年前）

食肉牛龙的体长已经达到9米，但是在白垩纪晚期的肉食恐龙中，食肉牛龙只能算是中等身材。

双冠龙（1.8亿年前）

双冠龙又名双嵴龙，是早侏罗纪体形最大的肉食性恐龙之一，它的体长约6米，高约2.5米，是恐龙霸主之一。

恐龙的祖先

古生物学家经过长时间的研究，认为恐龙很可能是由一种小型的初龙类动物进化而来的。这种动物的体形和恐龙十分相似：它们的前肢短，后肢长，吃一些早期的小型哺乳动物。在生存竞争中，它们通过抬起前肢，利用后肢运动，可以更快、更有效地猎食和逃避敌害。这种行为渐渐地改变了它们的身体结构，使它们进化为另一种动物——最早的恐龙。

恐龙很可能就是由这种体形矮小的初龙进化而来的。

恐龙百答：就食物来讲，恐龙可分为肉食恐龙和植食恐龙两大类，还有一部分恐龙演变成杂食动物，什么都吃。据推断，当时的肉食恐龙数量相对较少，植食恐龙数量较多，这样才能保证生态平衡。

19

恐龙的生活

　　古生物学家根据现有的恐龙化石进行分析和实验，推测出恐龙当时的生活情况——在中生代，恐龙每天的生活都充满了惊险和刺激，它们为了食物劳碌奔波，为了生存不断战斗，为了繁衍生息不辞辛苦……

学会生存

　　对于植食恐龙而言，除了要寻找美味的植物用以填饱自己的肚子之外，还要能够抵御肉食恐龙的攻击。

哺育

恐龙时代是弱肉强食的时代，对于那些刚刚出生或没有出生的小恐龙来说，危险无处不在。值得庆幸的是，大多数恐龙都是"尽职尽责"的爸爸妈妈。恐龙妈妈在产下恐龙蛋后，会守护在它周围，恐龙爸爸则负责外出觅食，供养即将出生的小生命。

狩猎

对于肉食恐龙而言，捕食猎物是一生中最主要的事情。发达的头脑、强劲的咬合力、锋利的爪子是肉食恐龙捕食的武器。尽管这样，肉食恐龙也不可能顺利地完成每次狩猎。

恐龙都灭亡了吗？

　　大约6500万年前，在白垩纪晚期，恐龙灭绝了，它们留给世界的只有化石。关于恐龙灭绝的原因，有多种说法：有的学者认为是当时地球上出现了一种有毒的花，导致恐龙中毒而死；有的学者认为恐龙灭亡是因为火山爆发而引起的空气变化；有的学者将恐龙的灭绝归结为它们自身基因的突变和相互残杀……众多说法，使恐龙灭绝的原因变得扑朔迷离。那么，恐龙灭绝的真正原因到底是什么呢？

推测一：陨石撞击地球

　　大约在6500万年前，一颗直径大约在10千米的陨石（相当于一座中等城市的大小）从天而降，重重地砸在了地球上。这个巨大的天外来客给地球带来了难以描述的灾难：撞击引起了地壳运动，火山爆发、海啸接踵而来，撞击时产生的碎片和尘埃，包围了整个地球……恐龙和其他许多陆地大型动物，还有海中的大部分生物，都没能逃过这场浩劫。

推测二：食物的变化

　　白垩纪晚期，地球发生了巨大的变化，之前连接在一起的盘古大陆已经分裂成类似现今大陆的样子。这种变化给地球带来了众多影响，其中之一就是地球上的植被发生了变化：裸子植物不再是植物界的统治者，取而代之的是大量的被子植物，带花的植物就是在这个时候出现的。不断出现的新植物让植食恐龙吃尽了苦头儿——它们的胃或许还不能适应这些植物。最糟糕的是，这些新的被子植物中可能含有毒素，形体巨大的植食恐龙食量巨大，最终被积累的毒素毒死。食肉动物将有毒的肉吃下后，也被毒死了。

一只食物中毒的植食恐龙

恐龙或许没有灭绝

在这次浩劫中，并不是所有恐龙都灭绝了。由恐龙进化成的鸟类，作为恐龙的后代，一直存活至今。

麝雉是一种特别原始的鸟类。它们在幼鸟时，翅膀上会长出爪子，适于攀登树木，另外还有许多与普通鸟类迥异的性状，如嗉囊特别发达，能榨碎食物，取代砂囊的功能。麝雉的存在，是不是可以证明鸟类和恐龙的关系呢？

推测三：地磁变化

现代生物学证明，某些生物的死亡与磁场有关。由此推论，恐龙的灭绝可能与地球磁场的变化有关。

恐龙的分类

　　我们平时谈论的恐龙，是对史前陆生大型动物的统称，就像我们平时概括称呼鸟儿、鱼儿这些动物一样。但实际上恐龙也分为很多种类，不过它们并不是简单地分为植食恐龙和肉食恐龙。专业的古生物学家根据恐龙腰带的构造特征不同，把它们分为两大类：蜥臀目类和鸟臀目类。

鸟臀目类（Ornithischia）

　　这类恐龙的腰带，肠骨向前后延伸，耻骨前侧有较大的前耻骨突，后侧也大大地向后延伸，贴近坐骨。

新鸟臀类（Neornithischia）

新鸟臀类恐龙一般都是植食性恐龙。

头饰龙类（Marginocephalia）

　　这类恐龙的特征是头颅后方有骨质隆起或装饰物。

鸟脚下目（Ornithopoda）

　　早期的鸟脚下目恐龙，体形很小，双足行走，后来演化为体形较大、四足行走的恐龙。它们的典型代表是鸭嘴类恐龙。

灵龙

角龙下目（Ceratopsia）

　　角龙下目恐龙的最大特点不是它们头上的角，而是它们类似鹦鹉一样的喙状嘴。

肿头龙亚目（Pachycephalosauria）

　　这类恐龙有厚达十几厘米、圆丘状的头颅骨。它们两足行走，以植物为食。

三角龙

肿头龙

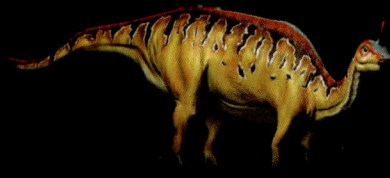

似栉龙

恐龙的祖先

古生物学家认为，恐龙的祖先可能是一种体形较小、身体灵活的初龙。

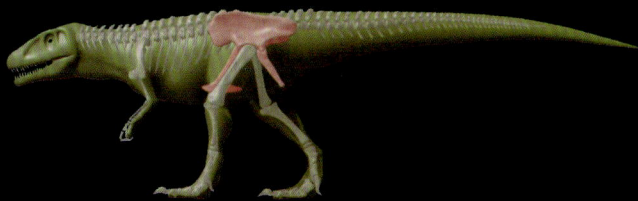

蜥臀目类（Saurischia）

这类恐龙的腰带，耻骨在肠骨下方向下延伸，坐骨则向后延伸。

装甲亚目（Thyreophora）

属于装甲亚目的恐龙，一般都是背部带有装甲的植食性恐龙。它们出现在早侏罗纪，一直生存到晚白垩纪。

蜥脚亚目（Theropoda）

蜥脚亚目是一种由体形较小、双足直立行走的个体演变成小脑袋、长脖子、体形巨大、四足行走的恐龙。

兽脚亚目（Sauropoda）

兽脚亚目包含了所有的肉食性恐龙，还有少数的杂食性、之前均为植食性的恐龙。现代鸟类是由兽脚亚目坚尾龙类演化而来的。

剑龙下目（Stegosauria）

剑龙下目的恐龙是一种背上长着骨板、尾巴上长有棘刺、四足行走的中型植食性恐龙。它们出现在中侏罗纪，消失于早白垩纪。

甲龙下目（Ankylosauria）

甲龙下目的恐龙是四足行走的植食性恐龙。它们浑身披着装甲，生活在白垩纪。

霸王龙

大地龙

甲龙

蜥脚下目（Sauropoda）

蜥脚下目出现的时间没有原蜥脚下目早，但是它们一直生存到白垩纪晚期。

原蜥脚下目（Prosauropoda）

原蜥脚下目的代表性恐龙为板龙，它们出现的时间较早，但是在侏罗纪早期就灭亡了。

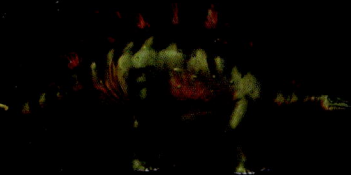

剑龙

梁龙

板龙

恐龙百答：所有的恐龙都是陆地动物。许多史前爬行动物常被大家误认为是恐龙，例如翼手龙、鱼龙、蛇颈龙、沧龙、盘龙类等，但从科学角度来看，这些都不是恐龙。

恐龙纪年表

古生代

大约5.4亿年前，地球上就已经存在生命了。这段时间被称为古生代，它开始于寒武纪，结束于二叠纪。

二叠纪的似哺乳类爬行动物

石炭纪出现的蕨类植物

奥陶纪的鹦鹉螺

寒武纪时期的三叶虫

中生代

三叠纪

三叠纪晚期，恐龙出现了，并开始了漫长的进化旅程。

恐龙可能是由这种小型初龙进化而来的。

平原驰龙

艾雷拉龙

滥食龙

原美颌龙

黑丘龙

哥斯拉龙

莱森龙

鞍龙

板龙

原角鼻龙

小型哺乳动物

合踝龙

双嵴龙

侏罗纪

在这个时期，恐龙飞速发展起来，占领了大陆的每个角落。

近鸟龙

异特龙

梁龙

苍蝇

剑龙

鲨鱼

木兰花

蜜蜂

禽龙

腱龙

白垩纪

白垩纪出现了新的植物，恐龙的种类也增加了很多。

青岛龙

肿头龙

霸王龙

三角龙

新生代

恐龙灭绝后，哺乳动物摆脱了恐龙的阴影，快速发展起来。在300万年前，人类出现了。

始祖马

始祖象

古猿

原始人类

第二章

发现恐龙

恐龙化石——我们了解恐龙的途径

恐龙生活在1.6亿年前的地球上。我们怎样才能跨过如此漫长的时间，去了解、认识恐龙呢？恐龙化石——恐龙唯一留给人类的线索——告诉了我们关于恐龙的一切。

古生物学家们一直不辞辛苦地挖掘、整理、研究着恐龙化石。正是他们的研究，让我们对恐龙的了解越来越多。

第一具恐龙化石

人们发现的第一具恐龙化石是禽龙的骨骼化石。当时，人们认为这具化石的主人是远古神话中可以吐火的猛龙。经过不断修正和研究，现代古生物学家根据这具禽龙的骨骼，对它的肌肉、韧带甚至是肤色进行了推测，还原出禽龙现在的样子。

在世界的某些地方，发现了一种神奇的现象：地下埋藏了大量的、不同种类的、完整的恐龙化石，这就是恐龙公墓。恐龙公墓往往是恐龙生前突然遭遇某些自然灾难而被迅速埋葬形成的。恐龙公墓很少，世界著名的恐龙公墓只有中国四川的"大山铺恐龙公墓"、美国新墨西哥州的"古斯特恐龙公墓"、比利时的"伯尼萨特恐龙公墓"、加拿大的"阿尔伯达公墓"。

不同种类的恐龙化石

恐龙的骨骼化石或牙齿化石可能是我们最熟悉的恐龙化石。像这种与恐龙身体有关的化石，都被称为"躯体化石"。除了躯体化石之外，还有相关的遗迹化石，也就是关于恐龙足迹、巢穴、粪便或觅食痕迹等遗迹。这些化石是研究恐龙的主要依据，据此可以推断出恐龙的类型、数量、大小等情况。

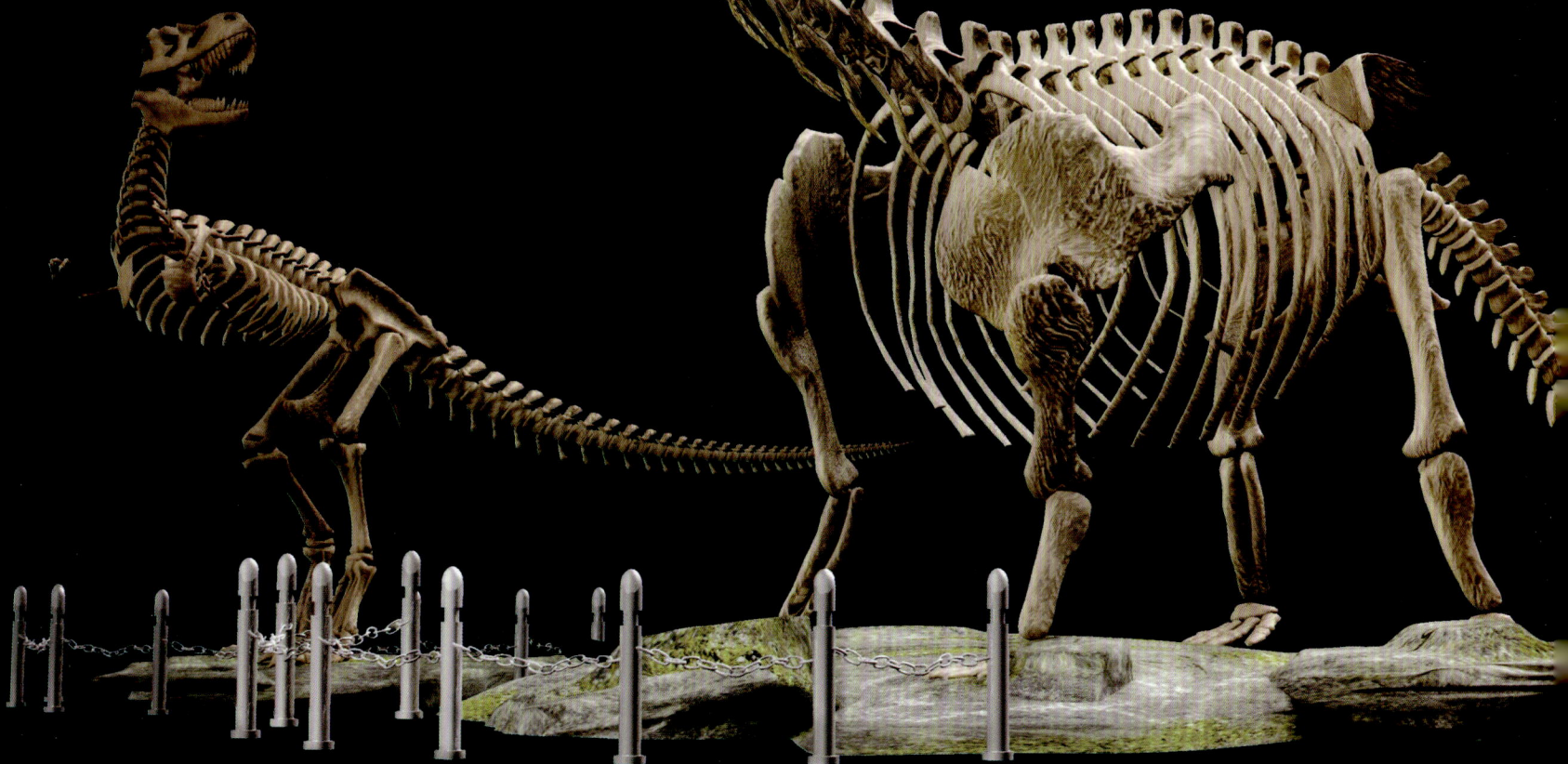

恐龙百答：化石是古代生物的遗体、遗物或遗迹埋藏在地下变成的跟石头一样的东西，最常见的是骸骨和贝壳等。研究化石可以了解生物的演化进程，并能帮助确定地层的年代。

恐龙化石是怎么形成的

恐龙化石是非常稀少的，它们的形成也十分偶然，只有恐龙死去并很快地被沉积物或水下泥沙所覆盖时，才有可能被石化，变成化石。即使恐龙的尸体成功被石化，变成了化石，在许多危险的过程中，还有许多危险。在石化回归地表的过程中，有可能让化石熔化。另外，地壳底部的高温也有可能让化石熔化。逃过这些劫难后，还得有人赶在化石从周围岩层中分离前找到它，否则化石就会碎裂消失。

1. 恐龙妈妈和它的宝宝在路上遭遇了意外：路边的山坡发生了泥石流，很快，它们被埋在了泥沙里，死去了。

2. 在随后的岁月中，它们的遗体渐渐地腐化了。不过，它们的骨骼却保留了下来。

4. 水、风或地球的造山运动或地壳运动，会将化石所在的岩层挤压到地球表面。专业人员会小心翼翼地将化石挖掘出来。

3. 随着上面沉积物的不断增厚，遗体被埋越深，最终变成了化石，周围的沉积物也变成了坚硬的岩石。这个过程是极其缓慢的。

复原化石

从发现化石到复原化石，是一个漫长的工作过程，但是古生物学家们从来不觉得这是一个枯燥的工作，他们认为每一次新的发现，都可能重现一段历史。

那么，古生物学家是怎样发现化石的呢？除了通过人类活动能够发现化石之外，古生物学家还会外出"寻找"恐龙化石。古生物学家在选择挖掘地点时，会仔细研究地图，有时候还会利用航空摄像和卫星摄像配合地质图一起使用，以便提高找到恐龙化石的几率。在发现恐龙化石的埋藏地点后，古生物学家就要把化石挖掘出来，小心翼翼地运回去，运用各种仪器进行研究。

除了要完成寻找化石、挖掘化石、复原化石等复杂的工作之外，古生物学家还要撰写相关的报告，帮助博物馆准备各种化石的展览……

哪里能发现恐龙化石

寻觅恐龙化石的最佳地点是在中生代沉积岩层露出地表或接近地表的地方。水、风或人类的活动都会导致蕴藏化石的岩石露出：山路旁、采石场、海岸、悬崖、河岸甚至煤矿都可能是挖掘的地点。不过，很多恐龙化石都"藏"在崎岖的不毛之地或遥远的沙漠之中。同时，侵蚀中的悬崖和河岸也都是寻找化石的好地点。因此，不要轻视那些默默无闻的石头，或许那曾是1亿年前鲜活生命的一部分。

发现恐龙化石的埋藏地点后，考古人员就要开始挖掘工作了。挖出那些零星的小化石可能只需要一个人花上几分钟的时间，但是如果要将大块化石从坚硬的岩石中挖出，就需要大批人员花费几个星期或几个月的时间，在这个过程中，或许还要动用各种机械工具。

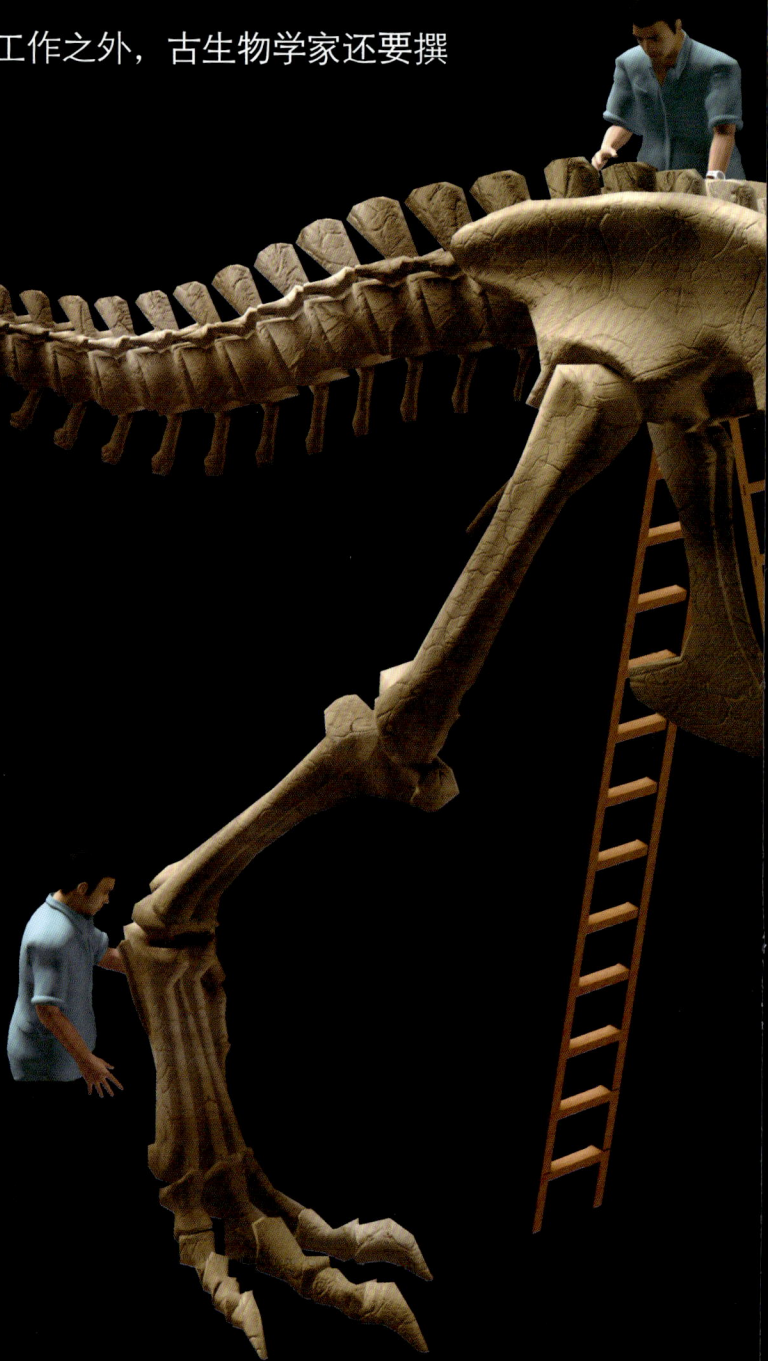

逼真的骨骼复制品

在博物馆中陈列的恐龙化石都是真的吗？事实上，大多数在博物馆中展出的恐龙骨骼都是复制品，是用质量较轻的玻璃纤维制成，并将细金属条隐藏其中，以便支撑架构。但也有一些博物馆摆放的是真实的恐龙化石，如果恐龙的骨骼并不完整，古生物学家会用相似的恐龙骨骼代替。

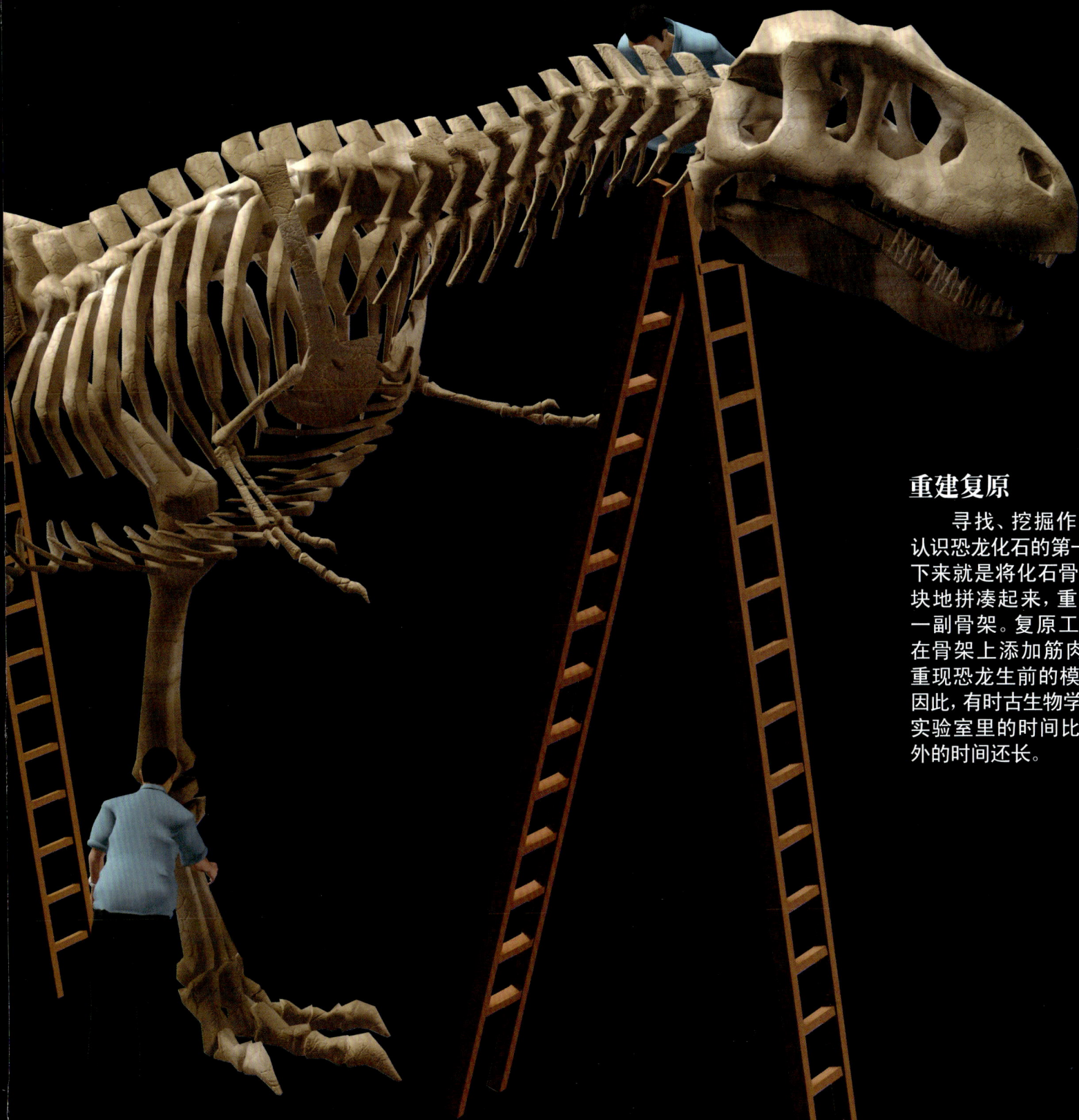

重建复原

寻找、挖掘作业只是认识恐龙化石的第一步，接下来就是将化石骨骼一块块地拼凑起来，重新构建一副骨架。复原工作则是在骨架上添加筋肉，使之重现恐龙生前的模样儿。因此，有时古生物学家花在实验室里的时间比花在野外的时间还长。

恐龙百答：2014年5月18日，在阿根廷发现了迄今为止已出土的最大恐龙骨骼化石。这只恐龙为巨龙类，重达100吨，有14头非洲大象那么重。

分析恐龙化石

对恐龙的研究基本上都是基于已经发现的化石。如今，古生物学家已经能够通过先进仪器透视化石。这样，他们不用破坏化石本身就可以看到化石的内部，还可以看到过去不可能检视的内部细微构造，让古生物学家了解恐龙的生活方式以及食物、成长和行动方式等，并且了解恐龙的进化谱系。

"食物"化石

古生物学家们甚至在一具"恐龙木乃伊"的胃中发现了它的食物。当然，食物和胃一样，也已经变成了化石。

头部化石

头部化石由长有牙齿的颌骨和许多保护大脑的小块骨头组成。

特殊的恐龙化石——恐龙木乃伊

和普通的木乃伊不同，恐龙木乃伊是自然形成的。恐龙木乃伊的身体大多保存良好，它们的大部分骨骼都被石化的软组织包裹着，这样它的皮肤、肌肉、内脏等被完好地保留下来。可是恐龙木乃伊十分稀少，至今全世界只发现了6具。

内脏化石

之前，古生物学家只能估计恐龙的内脏位置，但是"恐龙木乃伊"则提供了明确的内脏位置。

解读化石上的信息

恐龙化石大致可以分为躯体化石和遗迹化石。从不同的化石上，古生物学家可以分析出不同的数据。

恐龙躯体化石

恐龙残体，如牙齿或骨骼化石等，都属于恐龙的躯体化石，这些躯体化石为古生物学家们复原恐龙提供了重要依据。

恐龙遗迹化石

遗迹化石包括恐龙的足迹、巢穴、粪便或觅食痕迹等。通过这些，古生物学家可以了解恐龙的生活习惯、种族情况等。

恐龙"再现"的依据

这是一张根据真实"恐龙木乃伊"化石制成的模拟图。由此我们可以看出，"恐龙木乃伊"除了骨骼保存完好之外，它的皮肤、肌肉、内脏等软组织都保存得很好。古生物学家们可以根据这些"再现"恐龙。

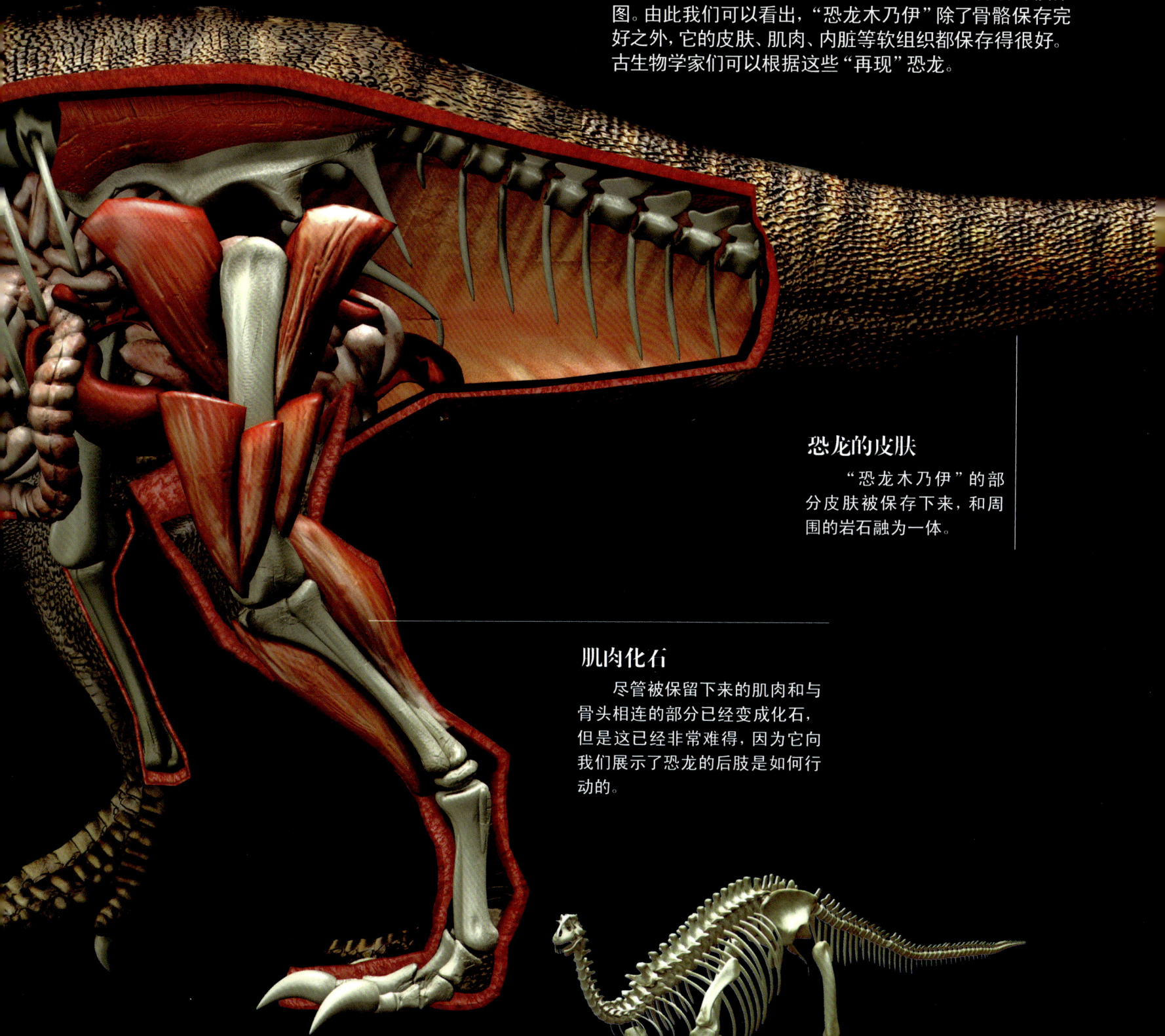

恐龙的皮肤

"恐龙木乃伊"的部分皮肤被保存下来，和周围的岩石融为一体。

肌肉化石

尽管被保留下来的肌肉和与骨头相连的部分已经变成化石，但是这已经非常难得，因为它向我们展示了恐龙的后肢是如何行动的。

骨骼示意图

这是恐龙木乃伊的骨骼示意图。这种示意图在古生物学家介绍恐龙化石时经常用到。

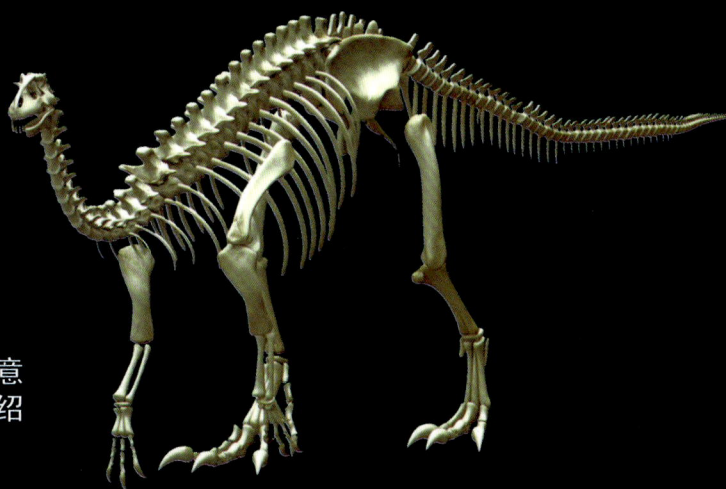

第三章

三叠纪——恐龙来了

三叠纪概况

　　三叠纪，是中生代的第一个纪，起始于距今2.5亿年前，持续了约5000万年。晚古生代造山运动后，地球上的陆地面积扩大，地球上的各个大陆汇聚，终于在二叠纪晚期、三叠纪早期的时候连接成一个整体，也就是我们所说的盘古大陆，其周围是统一的古大洋。直到三叠纪中晚期的时候，盘古大陆才开始分裂为北方的劳亚大陆和南方的冈瓦纳大陆。

古大洋

　　盘古大陆之外的地表上是一片一望无际的古海洋，这个海洋横跨两万多千米，面积大小和今天所有海洋的总面积差不多。

古大洋

盘古大陆

冈瓦纳大陆

气候

　　三叠纪与之前的二叠纪一样，保持了炎热干旱的气候特点，地球两极没有冰覆盖，盘古大陆中部是面积十分广阔的沙漠。但是到了三叠纪中、晚期时，气候已经开始向温热湿润过渡。气候的转变改变了地球生态环境，滋养了很多新的生物。

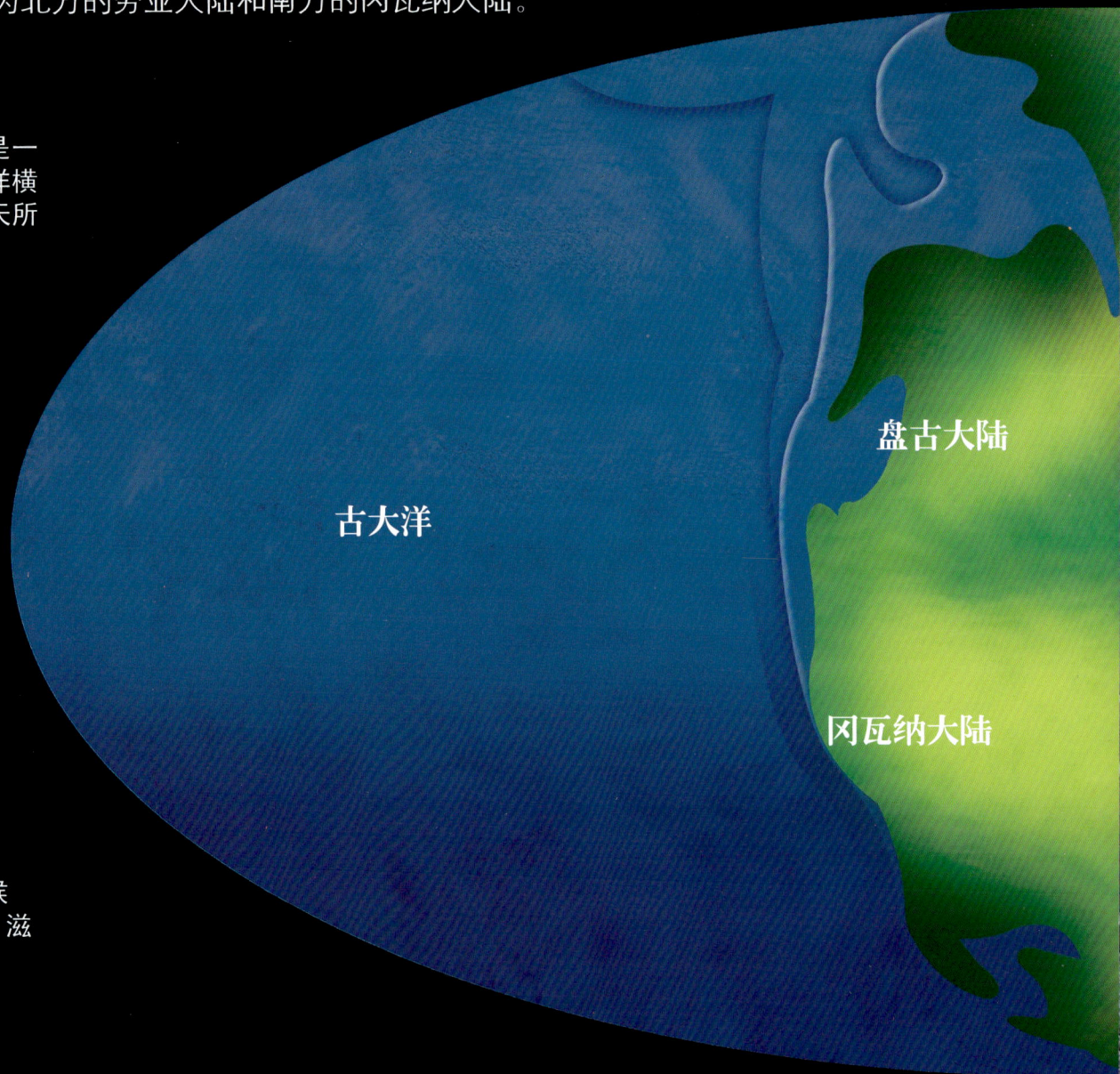

恐龙们的敌人

　　在二叠纪，恐龙还不是地球上的霸主。一些凶猛的大型初龙类动物依然掌控着这个世界。比如蜥鳄，它们以完全直立的四肢行走，可能以埋伏的方式攻击猎物，而它的猎物就是恐龙和其他小型哺乳类动物。同时，新生的鳄类和原始哺乳动物也虎视眈眈地注视着这个世界。

三叠纪时期的陆地霸主蜥鳄

沙漠和绿洲

　　地球表面的地理分布决定了各地区的气候，靠近海洋的地方由于气候湿润而草木茂盛。但是，盘古大陆的面积十分广阔，导致带湿气的海风无法进入内陆地区，因此，在大陆中部形成了一个很大的沙漠，致使内陆地区的气候变得非常干燥。正是这个原因，使得较耐旱的蕨类品种和那些不过分依赖水繁殖的针叶树逐渐在这些地区取得了竞争优势。

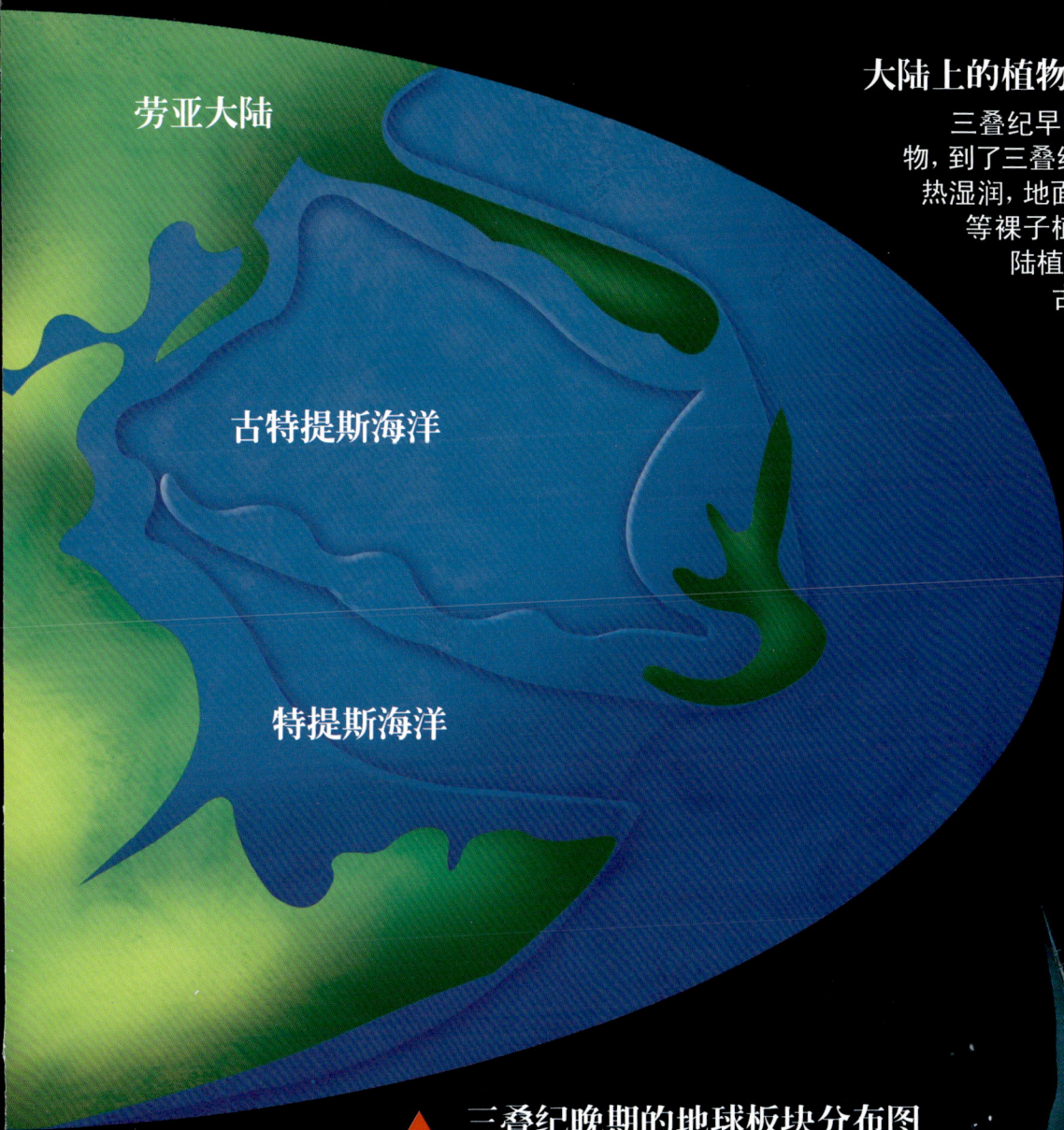

劳亚大陆

古特提斯海洋

特提斯海洋

大陆上的植物

　　三叠纪早期陆地上的植物多为一些耐旱的蕨类植物，到了三叠纪晚期的时候，气候由干旱炎热转变为温热湿润，地面上出现了苏铁、尼尔桑、银杏、本内苏铁等裸子植物。到晚三叠纪，裸子植物真正成为大陆植物的主要统治者，而那些生活在古生代的古老植物，无法适应新的环境，渐渐地从地球上消失了。

恐龙时代前的黎明

　　恐龙最早出现于晚三叠纪，主要有两个类型：较低等的蜥臀类和较进化的鸟臀类。尽管这时的恐龙在生态系统中并不占主导位置，但是它们占据着重要位置，代表新的物种，因此，三叠纪被称为"恐龙时代前的黎明"。

▲　三叠纪晚期的地球板块分布图

海洋生物

　　在二叠纪的灭绝事件之后，淡水和海生无脊椎动物的面貌也焕然一新，水生、游动的软体动物取代了腕足动物而成为海洋中的优势种群。三叶虫和四射珊瑚完全灭绝，而菊石、双壳类、有孔虫和六射珊瑚成为重要门类。同时，体形呈流线状的、四肢进化成鳍的海生爬行类也在三叠纪首次出现，鱼的种类渐渐丰富起来。

　　生活在古大洋中的鱼龙，是一种类似鱼和海豚的大型海栖爬行动物，它们出现的时间比恐龙还早，但也比恐龙早灭绝约2500万年，是中生代的海洋霸主。

恐龙百答：三叠纪的名称是1834年弗里德里希·冯·阿尔伯提出的，他根据中欧地层中普遍存在的三套截然不同的地层，为这个时代冠名。

恐龙时代的黎明

在三叠纪中晚期, 盘古大陆开始慢慢地分裂成两部分——北方的劳亚大陆和南方的冈瓦纳大陆。在这两块大陆中间, 形成了新的海洋。这片新海洋, 给大陆腹地带去了温湿的海风, 陆地上的气候不再干燥阴冷, 变得湿润温暖。地球上的气候发生了巨大的变化, 新地貌催生了新物种。

我们的主角恐龙, 就在这个时候悄然诞生了。当然, 此时陆地上的动物还有小型蜥蜴、巨型似哺乳类动物、可怕的初龙类动物、会飞的爬行动物翼龙、古老的昆虫……它们一起和恐龙分享着这个鲜活的世界。

南美洲地区的恐龙

三叠纪晚期, 在今天南美洲的大陆上, 气候温润, 植物茂盛, 正孕育着最原始的恐龙。此时恐龙还不是主角, 即使像艾雷拉龙这种大型肉食恐龙, 也不敢和当时凶猛的大型初龙类动物一争高下。而像始盗龙、滥食龙这种体形较小的肉食或杂食性恐龙, 还要和比自己大很多的似哺乳类爬行动物争夺食物。

艾雷拉龙

艾雷拉龙是三叠纪最大的掠食动物之一, 它们成年后体长超过5米。

二齿兽

二齿兽是一种植食性似哺乳类爬行动物, 它们长得又胖又粗, 看起来没有什么攻击性。

翼龙

翼龙被误解为"会飞的恐龙",但事实上它们不是恐龙,而是恐龙的近亲。它们与恐龙生活在同一时代,是飞向蓝天的爬行动物。

南十字龙

南十字龙体长大约2米,高0.8米,看起来和一只大型犬差不多。

始盗龙

始盗龙体长1米,高0.3米,体重约6千克,是一种体形较小的肉食性恐龙。

奇尼瓜齿兽

奇尼瓜齿兽具有许多类似哺乳动物的特征,是小型肉食性动物,它们与恐龙存在竞争的关系。

滥食龙

滥食龙是一种杂食性恐龙,它被认为是那些体积庞大的蜥脚亚目恐龙的祖先。

恐龙百答:初龙是许多生活在中生代的爬行动物的统称。这些动物包括槽齿目类动物、鳄目类动物、翼龙目类动物等,恐龙也是由初龙演化而来的。

劳亚大陆

在三叠纪中晚期的时候，盘古大陆已经开始慢慢地分裂为劳亚大陆和冈瓦纳大陆，同时新的海洋也在这个时候形成。劳亚大陆位于盘古大陆的北部，包括现今的北美洲大陆和欧亚大陆。随着劳亚大陆不断向北漂移，逐渐远离赤道，劳亚大陆的气候受到海洋的影响，也随之变得湿润起来。至晚三叠纪，气候已经十分有利于生物的繁衍，植物越来越郁郁葱葱，环境温暖而潮湿，地球上生物的种类也越来越多，恐龙就在这个时期慢慢地崛起了。

现在的北半球特写

植物

在植物方面，松柏纲中耐旱的肋木成为当时的优势植物，在北美洲大陆分布极广。中生代又称为裸子植物时代，像银杏纲的楔银杏、买麻藤纲、红豆杉纲及松柏纲在三叠纪的时候已经粗具规模。

早期恐龙

在三叠纪中期，恐龙刚刚演化出来，它们并不占有优势——大多数恐龙十分矮小，只有两三米长，它们生活得小心翼翼，避免受到其他大型动物的攻击。

板龙

在晚三叠纪，板龙是体形最大的植食性动物，它的出现预示着巨龙时代的到来。

槽齿龙

槽齿龙是一种十分古老的恐龙，体形较小，身长只有1.2米左右。

气候

大陆的中心地带远离海洋，所以这里变成了极少降雨、干旱炎热的沙漠地带。在靠近海洋的地带，空气凉爽湿润，是动物的最佳栖息场所。

恐龙百答：按照板块运动学的说法，地球的大陆一直在以肉眼观察不到的速度缓慢移动，每年移动的速度只有几厘米，但是经过几百万年、几千万年的运动，就会使大陆漂移到数千千米外的远方。

邪灵龙

生存年代：距今2亿1650万年前至2亿零360万年前的晚三叠纪
学　　名：Daemonosaurus
学名含义：邪恶的蜥蜴
食　　物：肉类
体　　形：体长1.5米，高约0.5米，体重约10千克
命 名 人：汉斯·戴尔特·苏伊士，斯特林·内斯比特
化石发现地：北美洲　美国

龅牙刺客

　　在三叠纪的北美洲大陆上，有一种幽灵般的杀手，游弋于北美洲广袤的平原上。它不仅有灵动、迅捷、矫健的身手，还有一个非常有特点的绰号：大龅牙，它就是邪灵龙。

比较大小

　　邪灵龙的体形十分小巧，身高只有0.5米，相当于成年人膝盖位置那么高。

　　邪灵龙利用周围的植物掩护自己，它在观察自己的猎物，寻找猎杀的时机。

成年的盒龙体形要比邪灵龙大得多，也比邪灵龙凶狠，但这两只没有成年的盒龙幼龙很显然没有抵抗邪灵龙的能力。

广袤的北美洲大陆养育了各种各样的动物，体形矮小的邪灵龙正是其中一员。由于身材的限制，邪灵龙虽不能大张旗鼓地捕食猎物，但是它并没有因此而气馁。相反，邪灵龙是一种充满斗志的"猎手"，经常出没于茂密的丛林中，奔跑于广阔的草原上，捕杀那些小型爬行动物、原始哺乳类动物。

这只邪灵龙发现了两只正在觅食的小盒龙。根据观察，邪灵龙做出判断：这是两只已经失去了父母保护的小盒龙，完全可以作为自己的捕食对象。

　　两只小盒龙似乎在附近发现了什么食物，使劲儿地在地面上嗅着，根本没有发现隐藏在树丛中的邪灵龙。邪灵龙觉得机会来了，它轻巧地跳过树丛，迅猛地扑向猎物，发起致命一击。但邪灵龙扑空了——就在邪灵龙发起进攻的时候，两只小盒龙似乎觉察到了什么，本能地跳了起来，迅速地向森林中逃去。邪灵龙马上锁定一只相对弱小的猎物追了上去。

牙齿

　　邪灵龙嘴巴前面的牙齿很长，并向外翻着。尽管这些大龅牙影响了邪灵龙的形象，但是这些龅牙是邪灵龙猎杀其他动物的利器。

小盒龙并没有逃出多远，邪灵龙就从侧面追了上来，并用锋利而外翻的牙齿咬住了小盒龙的脖子……捕食成功的邪灵龙快速地吞咽着自己的食物，时而抬起头，警惕地观察着四周。因为邪灵龙十分清楚，自己的敌人很可能正在四周游荡，尤其是那些讨厌的腔骨龙，总是成群结队地猎食，给自己带来不少麻烦。

身体

邪灵龙修长的身体、发达的后腿以及细长的尾巴会让它在奔跑追逐的过程中占据优势。

头骨

仔细观察邪灵龙的头骨，就能发现邪灵龙的牙齿有些与众不同：这些牙齿向前倾斜得十分明显，而最前面的牙齿还有些外翻，就像长着"龅牙"一样。

邪灵龙的头骨化石图

恐龙百答：三叠纪时期每一天的时间比现在短，大约只有22个小时。

腔骨龙

生存年代：距今2亿1650万年前至2亿零360万年前的晚三叠纪
学　　名：Coelophysis
学名含义：空心的骨头
食　　物：肉类
体　　形：体长2米至3米，高0.7米，体重约20千克
命 名 人：爱德华·德林克·科普
化石发现地：北美洲　美国

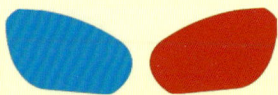

早期恐龙的代表

在阿根廷的始盗龙、艾雷拉龙等恐龙被发现之前，腔骨龙一直被古生物学家认为是已知生存年代最早的恐龙。不过，古生物学家似乎也早有预感，腔骨龙这个"最早"的桂冠不会保持太久，因为发现的大量腔骨龙化石证明，它们已经成为当地的优势物种，可以成群结队地在当时的大陆上游荡，将它们的足迹扩张到足够遥远的地方。不管怎样，古生物学家们都非常重视与喜爱腔骨龙，甚至把它送进了太空——1998年1月22日，美国的奋进号航天飞机将一个来自卡内基自然历史博物馆的腔骨龙头骨化石带进了太空，使腔骨龙成为继慈母龙后第二个进入太空的恐龙。

比较大小

尽管腔骨龙的高度大概只能到成年人的腰部，但是它们的身长已经超过两米。

与邪灵龙生活在同一时期的腔骨龙，是一种群居肉食恐龙。它们在捕食的过程中，会组成队伍，尤其是面对比自己强大的对手时，它们可以凭借数量优势，在围攻的过程中寻找对方的破绽，进而一哄而上，将对手置于死地。

单打独斗，谁是胜者？

腔骨龙和邪灵龙的身体结构相似，都具有快速奔跑的能力，但腔骨龙的体形比邪灵龙更大些。

邪灵龙的脑袋比腔骨龙要短，但邪灵龙的大"龅牙"比腔骨龙的牙齿更有杀伤力。

腔骨龙的头骨

邪灵龙的头骨

经过以上比较，失去群体优势的腔骨龙并非能轻而易举地战胜邪灵龙，如果稍不小心，它或许就会和邪灵龙两败俱伤，甚至死在邪灵龙的大"龅牙"之下。

看！一群腔骨龙轻而易举地追上了一只独自觅食的邪灵龙。在众多腔骨龙的攻击下，邪灵龙无法抵抗。不一会儿，这群腔骨龙就开始享用美餐了。

恐龙百答：在三叠纪时期，月亮离地球要更近一些，所以看上去会很大。

大量的腔骨龙化石证明，恐龙正在悄悄地改变着自己的命运，慢慢地扩张着自己的地盘儿，成为生存数量较多的物种。古生物学家推断，处于三叠纪晚期的恐龙似乎就懂得遗传的重要性——雌性恐龙会挑选自己的配偶，也会照顾恐龙幼崽儿，直到它们能够独立生活。在腔骨龙大家族中，也遵循着这样的原则，保护幼崽儿，是整个家族的首要任务。不过，在三叠纪晚期，面对各种肉食性动物，保护恐龙幼崽儿并不是一件简单的事情，因为恐龙蛋随时都会遭到意外。

破碎的蛋

这对腔骨龙夫妇的恐龙蛋遭到了"入侵者"的破坏。它们及时发现，把敌人赶跑了，不幸的是只有一只腔骨龙宝宝幸存。

恐龙幼崽儿

刚刚出生的恐龙幼崽儿没有任何抵御能力，它们必须依靠父母的保护才能存活。

头部

腔骨龙的头部又细又长，上面长着一对大眼睛，嘴中的牙齿向后弯曲，边缘带有锯齿，是最为典型的猎食装备。

三尖齿兽

三尖齿兽是一种非常古老的哺乳动物。它们体形不大，可能是恐龙的捕食对象。一旦机会成熟，它们也可能会捕食恐龙幼崽儿或破坏恐龙蛋。

脖子

腔骨龙的脖子较长，在站立和运动中呈"S"形，可以使其头部在一个较高的水平面上，以便观察周围的环境，发现远处的猎物。

尾巴

腔骨龙的尾巴可以长期处于半僵直的状态，这样可以避免尾巴的无规律摆动，使身体得到平衡。

恐龙百答：和乌龟相似，恐龙也是卵生动物，通过受精、产蛋、孵化孕育新的一代。 ◀ **55**

哥斯拉龙

生存年代：距今2亿1000万年前的晚三叠纪
学　　名：Gojirasaurus
学名含义：哥斯拉蜥蜴
食　　物：肉类
体　　形：体长5.5米至7米，高约1.5米，体重超过200千克
命 名 人：尼思·卡彭特
化石发现地：北美洲 美国

北美洲恐龙霸主

　　提到三叠纪的北美洲，那就不能不提到一种恐龙，它拥有当时北美洲大陆上最灵活的身躯，拥有让其他肉食恐龙羡慕的无坚不摧的尖牙利爪，还拥有一个十分响亮的名字——哥斯拉龙。在晚三叠纪还以小型动物为主的北美洲大陆上，哥斯拉龙绝非浪得虚名，它时时刻刻都在用自己的实力证明自己才是北美大陆三叠纪真正的霸主。

头部
　　哥斯拉龙的头部呈三角形，上面长有鲜艳的冠饰。

比较大小
　　哥斯拉龙属于中型肉食动物，尽管它的高度大约到成年人的肩部，但它的体重是成年人的3倍。

一场持续数天的暴雨使河水暴涨，凶猛的河水淹没了大片陆地。几只哥斯拉龙被困在一座临时形成的"孤岛"上。几天之后，雨终于停了下来，河水也逐渐恢复了平静，饥饿的哥斯拉龙随即冲出了孤岛。

身体

哥斯拉龙身材苗条，四肢强壮，长长的脖子和尾巴可以保持身体的平衡。这种身体结构非常适合奔跑。

利爪

无论是哥斯拉龙的前肢，还是它的后肢，指头末端都长有锋利的爪子。

牙齿

哥斯拉龙嘴中长满了边缘带有锯齿的牙齿。这种牙齿可以给猎物带来巨大的伤害。

哥斯拉龙与哥斯拉怪兽

哥斯拉龙和哥斯拉怪兽有什么关系吗？难道哥斯拉龙也像哥斯拉怪兽一样，拥有能够抵御导弹攻击的坚韧皮肤和喷射烈焰的能力？当然不是。原来，古生物学家肯尼思·卡彭特在给它起名字的时候，看到哥斯拉龙的体形要比同一时期北美大陆上的其他恐龙大得多，而这个特点让他的脑海中瞬间浮现出他最喜欢的动漫形象——哥斯拉怪兽，于是他索性就把哥斯拉这个名字确定下来。事实上，哥斯拉龙在三叠纪的北美洲可以说是横行无忌的，它的战斗力几乎和怪兽哥斯拉不相上下。

电影中的哥斯拉怪兽

恐龙百答：恐龙蛋化石的大小相差悬殊，小的和鸭蛋差不多，直径不超过10厘米，大的恐龙蛋的直径则超过50厘米。

盒龙

生存年代： 距今2亿2800万年前的晚三叠纪
学　　名： Caseosaurus
学名含义： 盒子般的蜥蜴
食　　物： 肉类
体　　形： 体长1.8米至3.6米，高0.6米至1.5米，体重约15千克至100千克
命 名 人： 阿德里安·亨特，斯潘塞·卢卡斯，罗伯特·苏利文
化石发现地： 北美洲　美国

　　哥斯拉龙最先发现的恐龙是一群正在游荡的盒龙。它们知道，一群盒龙可能会给它们带来不少麻烦，但是饥饿的滋味儿更加难受。为了在第一时间捕杀猎物，填饱自己的肚子，哥斯拉龙决定袭击盒龙。一只强壮的哥斯拉龙疯狂地冲向盒龙群，其他哥斯拉龙马上跟上了它的脚步……

前爪

　　像其他早期的恐龙一样，盒龙的身上也有大量原始的特征，比如前爪仍然保留着5个指头等。

比较大小

　　和成年人相比，盒龙的身高稍矮一些，大约到成年人肩部的位置。

来势汹汹的哥斯拉龙让毫无准备的盒龙大惊失色。原本在数量上占有优势的盒龙，看到哥斯拉龙毫不费力地将自己的伙伴撞翻在地，便放弃了抵抗的机会，四散而逃。但盒龙们很快知道了逃跑是愚蠢的选择，一只又一只盒龙被哥斯拉龙追上，有的盒龙被撞翻在地，头重重地碰上坚硬的岩石，晕倒在地；有的被哥斯拉龙的血盆大口死死咬住了脖子，当场毙命……

身体

由于发现的化石有限，我们只能推测盒龙是一种头部较大、身材苗条、后肢长、前肢短的恐龙。

　　哥斯拉龙对盒龙的屠杀已经接近尾声，它们已经开始享受这场战斗的成果。但没过多久，它们就迎来几名不速之客——波斯特鳄。尽管哥斯拉龙在晚三叠纪时称霸北美洲，几乎是所有动物的梦魇，但它们并非没有对手，当地唯一能与之匹敌的，就是波斯特鳄。

　　一只波斯特鳄被鲜血的气味吸引，来到这个刚刚发生屠杀的地方。面对正在进食的哥斯拉龙，波斯特鳄毫不畏惧，长吼几声，向哥斯拉龙发出挑战与警告。

面对与自己实力相当的波斯特鳄，哥斯拉龙是会让出自己的胜利果实，还是与它们一战到底？这确实很难选择。但是这几只哥斯拉龙很快做出了抉择，它们离开了这里，把胜利的果实留给了波斯特鳄。

　　哥斯拉龙非常清楚波斯特鳄对它们的威胁，它们很少与波斯特鳄发生直接冲突，因为那将是一场没有胜利者的战斗，最终只会导致两败俱伤。

波斯特鳄

　　波斯特鳄是一种巨大的肉食性初龙类动物，体长约6米，具有较高的巨大头骨，是能够抓住并杀死当时大多数大型动物（包括恐龙）的令人恐惧的捕食动物。与恐龙不同的是，波斯特鳄用四足行走，也就是说它们的前肢几乎与后肢等长。这样的身体结构使波斯特鳄不适于快速奔跑，但波斯特鳄具有比当时大多数动物长而细的腿，它们喜欢隐蔽在暗处，伏击猎物。

恐龙百答：在三叠纪，无论是肉食恐龙还是植食恐龙，其体形都不是很庞大，而波斯特鳄则不同，它们的体形巨大，几乎比当时的任何动物都大，所以它们能够抓住并杀死当时大多数大型动物。

钦迪龙

生存年代：距今2亿2500万年前的晚三叠纪
学　　名：Chindesaurus
学名含义：钦迪角（地名）的蜥蜴
食　　物：肉类
体　　形：长2米，高0.8米，体重约30千克
命 名 人：朗，莫瑞
化石发现地：北美洲　美国

适者生存

　　在变化莫测的三叠纪，只有积极适应环境，并利用环境为自己服务的生物，才能生存下来，并快速发展起来。钦迪龙就是这样一种恐龙。这种小型的肉食动物，是如何利用环境，让自己的生活更加美好呢？

比较大小

　　钦迪龙是一种灵活小巧的恐龙，它的体重非常轻，身高不及成年人的一半。

一条湍急的小河从丘陵地带流向低地，充沛的雨水让河水暴涨，也让鱼类的生存环境大为改善。很多小鱼出生在这个时候，并一天天地茁壮成长。河流反复改道，溢出的淤泥非常肥沃，这片丘陵成了植物生长的温床。河水充溢，河边的蕨类一望无际，近处的柏树郁郁葱葱……如此优越的环境吸引了形形色色的动物，钦迪龙就是其中一员。

河水弯弯曲曲流淌在柏树林中，在一处地势落差较大的地方，形成了一个小型瀑布。游经这里的鱼儿来不及减速，随着河水冲到了空中，在空中挣扎了一会儿，又回到水中。路过河边的钦迪龙灵机一动，它们觉得：在这里捕鱼，一定非常容易，因为鱼儿很可能直接被河水冲到自己口中。不一会儿，河中央和河两岸已经站满了钦迪龙，它们聚精会神地等着鱼群，随时准备大吃一顿。

硬骨鱼化石

鱼类是最古老的脊椎动物，它们比恐龙更加古老，最早的鱼在古生代就已经出现在地球上了。

恐龙百答：1970年以来，许多研究报告指出，现代鸟类极可能是兽脚亚目恐龙的直系后代。鳄鱼则是另一群恐龙的现代近亲，但两者关系比恐龙与鸟类远。

　　水流不断地从空中落下，激起阵阵水花。硬骨鱼来不及减速，就被河水一股脑儿地冲了起来，处于悬空状态，失去了游动的能力。现在，正是钦迪龙大显身手的时候，它们俯着身子，将尾巴翘起来保持平衡，细长的脖子就像一把鱼叉，而长满尖牙的嘴就是鱼叉前端的刺，迅速而准确地咬住一只只硬骨鱼，把它们从小瀑布的水幕中拽了出来。失去了水的保护，硬骨鱼只能乖乖地束手就擒。当然，有的硬骨鱼不希望自己就这样轻易地变成钦迪龙的食物，拼命地扭动着身体，晃动着尾巴，希望这样能使自己滑溜溜的身体从钦迪龙的嘴中溜走。然而硬骨鱼逃走的几率微乎其微，因为钦迪龙的牙齿太锋利了，很容易穿透硬骨鱼的身体，将它们吃掉。

四肢
　　钦迪龙的后肢长而健壮，前肢较短，前掌上长有五指，其中第四指和第五指退化变得不明显。这说明钦迪龙是一种早期恐龙。

脖子
　　钦迪龙的脖子较长，十分灵活。

64

头部

　　钦迪龙长有大而长的脑袋。它的嘴里长有两排尖牙，这些牙齿像叉子一样，可以牢牢地咬住食物。

　　钦迪龙忙得不亦乐乎，好在收获非常丰厚。它们各自填饱了肚子，回到了森林的深处。被鲜血染红的河流渐渐变得清澈、透明，阳光又透过叶子的缝隙，形成了一缕缕光带，一切又恢复了平静。

身体

　　钦迪龙的身体较瘦，身体后面是长长的尾巴。

恐龙百答：2014年6月这个问题终于有了答案——恐龙其实是介于冷血和温血之间的动物，简而言之，它们的生理机能在现代并不常见。

板龙

生存年代： 距今2亿1600万年前至1亿9900万年前的晚三叠纪
学　　名： Plateosaurus
学名含义： 板状的蜥蜴
食　　物： 植物
体　　形： 体长5米至10米，臀高2米，体重1吨至4吨
命 名 人： 克莉斯汀·艾瑞克·赫尔曼·冯·迈耶
化石发现地： 欧洲　德国

迁徙路上的恐龙明星

晚三叠纪的欧洲大陆，同紧紧相邻的北美大陆一样，危机四伏、险象环生。干旱的气候导致土地十分贫瘠，到处都是沙漠，而生物赖以生存的绿洲，则会随着变化多端的气候消失得无影无踪。天气与环境的无常变化，导致动物们总要踏上寻找食物和水的迁徙之路。大个子板龙，正是这条迁徙路上的明星。

集体迁徙

基于气候的原因，板龙不得不组成群体，长途跋涉，去寻找水源和食物。由于板龙身体庞大，又成群迁移，很少遭到肉食动物的袭击。因此，一些小型食草恐龙会跟随板龙的队伍，一起寻找新的家园。

比较大小

板龙是一种庞大的植食性恐龙，它的臀高都要比成年人略高一些。

斯瓦比亚龙冢

在德国南部的特罗辛根，靠近黑森林的地方，古生物学家发现了一个恐龙埋葬地。这里埋葬着35具完整或是近乎完整的板龙化石，而剩下的化石碎片则至少来自超过70个其他个体。当时，从来没有在如此小的单位面积内发现数量如此众多的化石材料。因此，德国地质学家理查德·莱普修斯根据古生物学家弗里德里克·奥古斯特·温·昆施泰特的研究给特罗辛根起了一个绰号——斯瓦比亚龙冢。

动物大规模迁徙在晚三叠纪的欧洲大陆上司空见惯，成群结队的动物离开原住地，去寻找更适宜生存的环境。在这庞大的队伍中，板龙的身影吸引着各种动物的眼球——犹如移动堡垒的庞大身躯使它成为最耀眼的明星。

迁徙的队伍不是很庞大，但是由于板龙的存在，使整个队伍的后方烟尘滚滚，所经之处的大地不停颤抖，似乎向世界宣告：我们来了！

板龙的生长期

板龙的骨骼化石不但可以帮助古生物学家了解板龙的身体结构，还可以帮助判断不同个体的年龄。经过大量研究，古生物学家发现一些板龙在12岁的时候就已经完全成年了，而有些要到20岁才能成年。大多数板龙会在达到18岁时停止快速生长，但是最大的个体直到27岁仍然具有较快的生长速率。同时，这些骨骼化石也能证明，板龙的寿命可能很长。

原蜥脚类恐龙

板龙生存于距今2亿1600万年前至1亿9900万年前的晚三叠纪的欧洲，是最为著名的蜥脚亚目的原蜥脚类恐龙。在晚三叠纪，板龙是体形最大的植食性动物，它的出现预示着巨龙时代的到来。但是同其他蜥脚亚目恐龙相比，板龙只能算是中型体形，是蜥脚亚目恐龙中的小"矮子"。

冠椎龙

生存年代: 距今2亿零500万年前至2亿年前的晚三叠纪至早侏罗纪
学　　名: Lophostropheus
学名含义: 冠状的脊椎
食　　物: 肉类
体　　形: 体长5米, 高2米, 重约130千克
命名人: Martin Ezcurra, Gilles Cuny

头部

根据化石显示, 冠椎龙长着一个大脑袋, 而且在头顶上可能长有一个隆起的冠。冠椎龙长有一双大眼睛, 可以看清周围的一切。

独来独往的猎人

在晚三叠纪的欧洲, 冠椎龙可以称得上是"威猛"的大型肉食恐龙, 可以轻松捕食到比它小的动物。冠椎龙一般独自狩猎, 它会隐藏在途中, 对路过的动物进行致命一击。或者跟踪猎物, 寻找适当的攻击时机。

脖子

脖子较长且灵活, 有助于发现猎物和观察环境。

前肢

冠椎龙的前肢虽然相对短一些, 但是长有锋利的爪子, 可以用来抓捕猎物。

比较大小

和成年人相比, 冠椎龙的身高要略高一些, 它的体形和一辆中型卡车差不多大。

空中的尘土暴露了迁徙队伍的行踪，这对于肉食动物来说，无疑是享用美餐的好机会。一只冠椎龙早就发现了这支队伍，它一直在队伍的侧翼跟随着，希望找到机会可以饱餐一顿。当然，形单影只的冠椎龙的狩猎目标并不是迁徙队伍中的主力——板龙，而是队伍中那些体形弱小的植食恐龙。

冠椎龙注意到，一只小型植食恐龙幼崽儿离开了妈妈的视线，渐渐地被队伍抛下。冠椎龙决定立刻出击，它纵身一跃，快速地冲向小恐龙。但冠椎龙的偷袭失败了，小恐龙逃脱了。更糟糕的是，其他小型植食恐龙因受到了惊吓，四下逃散，原本庞大的队伍只剩下巨大的板龙。板龙继续在路上前行，似乎什么也没有发生过。让冠椎龙感到愤怒的是：这几只板龙好像形成了一堵墙，挡住了冠椎龙追捕猎物的道路。眼看其他猎物已经跑远，恼羞成怒的冠椎龙决定教训一下板龙，它向其中一只板龙不断地嘶吼，然后伸出利爪向板龙冲去……

就在冠椎龙扑向其中一只板龙的时候，这只板龙却突然挥舞粗粗的尾巴，将扑过来的冠椎龙打倒在地。然后，板龙转过身来，立起身子，亮出前肢拇指上的爪尖……已经站起来的冠椎龙看到站立起来的板龙和那闪闪发光的爪尖，不由自主地连连后退，转身逃走了。

板龙的武器

高大的身躯

庞大的身体和结实的皮肤能让板龙在防御搏斗中占尽优势——站起来的板龙，几乎有两层楼那么高。

锋利的勾爪

板龙的前肢上长有5个指头，其中第1指至第3指末端长有弯曲锋利的勾爪，可以用来保护自己，打击敌人。

有力的尾巴

板龙的尾巴粗壮有力，也是防御和进攻的武器。

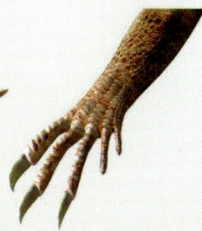

恐龙百答：1997年，挪威国家石油公司的工人们在北海的砂岩层发现了一块化石，最终，这块化石经过波恩大学的古生物学家研究后被确定属于板龙。因此，板龙被誉为"世界最深的恐龙"，也是在北海海域发现的第一块恐龙化石。

AR

这群庞大的迁徙队伍终于找到了水源和绿洲，它们终于可以畅快地饱餐一顿了。

庞大的体形能让板龙在防御食肉恐龙的搏斗中占尽优势。欧洲大陆晚三叠纪的炎热天气则成了它最大的敌人。

牙齿

在板龙的嘴中长有很多细长的牙齿，有利于撕咬植物。古生物学家认为，板龙的嘴巴两侧可能有颊囊结构，这样可以防止它们将食用的植物漏出来。

头部

板龙长有一个小而窄的脑袋，一双眼睛位于脑后的部。它们不具有双目成像的能力，但位于头部两侧的眼睛可以使它们看得更高更远，有利于寻找食物和发现敌人。

进食中的板龙

为了吃到高处的树叶，板龙会把身体直立起来，用前肢扒住树干，或用手掌握住树枝。

脖子

板龙的脖子很长，也十分灵活，可以随着身体获取不同高度的食物。

胃中的石头

古生物学家曾经在一块板龙的化石中发现一块"巨无霸"的石头。当然，这并不能代表"巨无霸"板龙有吃石头的特殊爱好，而是因为针叶和苏铁这样的食物实在是太难消化了，它们需要吞咽石块来帮助消化。

身躯

板龙的身体像一个圆滚滚的大木桶。在这个巨大的身体后面，拖着一条长长的尾巴，这条长尾巴可以起到支撑身体的作用，也能作为防御武器。

前肢

板龙的前肢相对较短，但是非常粗壮。和其他原蜥脚类恐龙一样，其手掌无法灵活地旋转下垂。但是它自然地沿前肢比较灵活，可以握住枝干或叶子，帮助获取食物。

后肢

板龙的后肢粗壮有力，足够支撑整个身体的重量。研究人员认为板龙平常以后肢两足行走。偶尔才会用四足行走。

恐龙百答：禄丰龙是生活在侏罗纪早期中国云南省禄丰县的一种恐龙。根据出土的化石进行复原，禄丰龙长得和板龙十分相似，因此禄丰龙也被称为"板龙的亚洲兄弟"。

敏捷龙

生存年代：距今2亿1000万年前至2亿零500万年前的早三叠纪
学　　名：Halticosaurus
学名含义：敏捷的蜥蜴
食　　物：肉类
体　　形：体长3米至6米，高度超过1米，体重约200千克
命 名 人：萨缪·保罗·威尔斯
化石发现地：欧洲　德国

群居的敏捷龙

在如今的动物世界中，有很多动物以集体为单位，生活在一个大家庭中。这样的群居生活，为动物们带来了一定的好处，大多数的食草动物、鸟类都过着群居生活，这样可以通过群体的力量及早发现捕猎者，集体逃离会让捕食者无所适从；一些小型的肉食动物也依靠集体的力量来扑杀大型猎物。事实上，群居并不是现代动物的习性，早在恐龙刚刚出现的时候，一些恐龙就发现了群居的好处，比如敏捷龙。

原颌龟

原颌龟是最古老的乌龟，大概1米长，生活在三叠纪晚期的欧洲和南亚，属于半水生动物，以植物为食。

比较大小

敏捷龙是一种体形较小的肉食性恐龙，身高大概只能到成年人的腰部。

像敏捷龙这种中型的群居肉食恐龙，在难以靠个体捕猎的时候，就会组成较大的群体，集体对付像板龙那样的猎物。如果食物丰富，敏捷龙也会单独行动，猎杀小型动物，轻松填饱肚子。同时，它们的群体十分强大，不但数目众多，而且分工明确。看，这只游荡在湖边的敏捷龙，正是群体中的"侦查员"，当它发现无法猎杀的猎物时，就会用特殊的方式呼唤它的同伴儿，共同行动。

恐龙百答：原颌龟是现生龟、鳖类的共同祖先，它除了头部尚不能缩回壳中等原始特征外，与现代的龟类没有太大的区别。

尽管三叠纪的气候非常炎热，但是敏捷龙可以在树荫下享受徐徐微风。生活如此美好，它全身放松，闭着眼睛，静静地趴着。就在敏捷龙快要睡着的时候，远处模糊的影子引起了它的注意，它抬起头向远处望去，一只槽齿龙正向水边走去。敏捷龙慢慢地站起身，它并没有贸然行动，而是静静地注视着槽齿龙。

强壮的肌肉

敏捷龙的后腿肌肉非常强壮，可以瞬间爆发出强大的力量，让敏捷龙拥有非凡的速度和良好的耐力。

后肢

敏捷龙依靠后肢行走和奔跑，追逐小型猎物。

隆起的角

敏捷龙的头顶上可能长有两道隆起的角质凸起，这是它的特征之一。

头部

敏捷龙的头骨及下颌细长，头骨上有开孔，容纳大脑等重要器官。

槽齿龙

生存年代：距今2亿1500万年前至2亿零500万年前的晚三叠纪
学　　名：Thecodontosaurus
学名含义：牙齿长在牙槽中的蜥蜴
食　　物：植物
体　　形：体长约1.2米，臀高0.3米，体重约30千克
命 名 人：亨利·赖利，塞缪尔·斯特奇伯里
化石发现地：欧洲西部

牙齿

　　槽齿龙牙齿呈叶状，有锯齿状边缘，是典型的植食类动物的牙齿。

比较大小

　　槽齿龙是一种非常小的恐龙，它的臀高大约只到成年人膝盖的位置。

前肢

　　槽齿龙的前肢明显要比后肢短很多，并长有五指，其中拇指长有非常大的尖爪，可以用来自卫。

槽齿龙同样是一种群居动物，它们通常集体活动。但是这只槽齿龙是个例外，它被逐出自己的群体，现在只能独自面对这个危机四伏的世界。

　　这只槽齿龙已经几天没有找到水源了。在此之前，它一直小心翼翼，躲过了不少次生死危机。现在，凉爽的湖水就在面前，它终于可以尽情地畅饮一通了。

　　畅饮之后，槽齿龙又向岸边的蕨叶奔去——这时的槽齿龙已经放松了警惕，完全沉浸在享受美食的幸福之中。

槽齿龙吃什么

　　虽然一般认为槽齿龙是典型的小型植食性动物，但是一些研究人员认为它或许具有杂食的食性，因为对于小个子的槽齿龙来说，"有什么吃什么"才能争取更多的生存机会。

恐龙百答：蕨类植物在泥盆纪时代就已经出现了，它们是由最早的裸蕨类植物进化来的。

看到槽齿龙专注地吃着蕨叶，敏捷龙知道机会来了。它悄无声息地跳下了山坡，向槽齿龙奔去。也许是蕨叶太新鲜了，也许是敏捷龙的速度太快，当槽齿龙意识到自己身处险境时，敏捷龙已经跳起来，扑向了自己。

在这个生死关头，槽齿龙的第一个反应就是逃跑——槽齿龙的体形利于短距离奔跑，很容易甩开身后的追击者。但是现在面对敏捷龙，这个逃命的法宝似乎失效了——槽齿龙刚迈开脚步，就被从身后扑过来的敏捷龙压在了身下。槽齿龙奋力挣扎，与敏捷龙滚在一起。

尽管槽齿龙拼命挣扎，用自己最大的自卫武器——食指尖爪抓挠敏捷龙，但是弱小的它根本无法与敏捷龙进行抗衡。没过几分钟，槽齿龙的脖子就被敏捷龙锋利的牙齿死死地咬住，动弹不得，这只一时疏忽的槽齿龙成了敏捷龙的食物。

理理恩龙

生存年代: 距今2亿1500万年前至2亿零500万年前的晚三叠纪
学　　名: Liliensternus
学名含义: 理理恩的蜥蜴
食　　物: 肉类
体　　形: 体长5.5米，高2米，体重约130千克
命 名 人: 萨缪·保罗·威尔斯
化石发现地: 欧洲　德国

顶级掠食者

　　理理恩龙是一种非常凶猛的肉食性恐龙，它们是当时体形最大的肉食性动物，是欧洲地区的顶级掠食者。理理恩龙平时在平原和林地之间游荡，寻找猎物。它们不但猎捕小型动物，还会猎杀当时体形最大的板龙。

比较大小

　　理理恩龙是欧洲当时最大的肉食恐龙，它的身高比成年人要略高一些，体重大约是成年人的2倍。

84

敏捷龙轻而易举地就将一只活生生的槽齿龙变成了自己的食物，不免有点儿骄傲起来。它大口地吃着肉，放松了警惕。敏捷龙或许没有意识到，自己正在重蹈槽齿龙的覆辙。

一只躲在暗处的理理恩龙目睹了刚刚发生的一切。现在，它觉得该是自己出场的时候了。

理理恩龙信心满满地奔向自己的猎物，用强壮的身体撞向正在进食的敏捷龙，一下子就将体长3米左右的敏捷龙撞飞了。在"砰"的一声之后，坠落在地上的敏捷龙就晕了过去，再也没有发出任何响声。理理恩龙几乎不费吹灰之力就得到了一份超级午餐——一只敏捷龙加上一只槽齿龙，而那只敏捷龙和自己的食物槽齿龙一样，转眼间便成了其他恐龙的食物。

就在理理恩龙进餐的时候，听到一阵阵刺耳的叫声，让它感到烦躁不安。它停了下来，转过身，发现刚刚被自己撞晕的敏捷龙居然站起身来，竖着脖子声嘶力竭地号叫着。原来，这只敏捷龙是群体中的"侦察兵"，在危急关头，受伤的敏捷龙发出了"集合"的叫声，希望它的族群能帮助它渡过难关。

头部

理理恩龙的脑袋看起来又细又长，一双大眼睛位于头部的两侧。色彩鲜艳的冠饰立在头部上方，看起来十分显眼。

牙齿

理理恩龙的嘴巴中长有两排锋利的牙齿，这是猎杀其他动物的利器。

成为猎物的敏捷龙

尽管敏捷龙行动敏捷，是一种杀伤力很强的中型肉食恐龙，并有群体的保护，但是理理恩龙的体形要比敏捷龙更大，并且凶狠无比，完全有能力捕食单独行动的敏捷龙。

理理恩龙慢慢向受伤的敏捷龙靠近，它发现周围这种奇怪的声音越来越大，似乎周围聚集了一批敏捷龙正虎视眈眈地看着自己。突然，理理恩龙做出了令所有恐龙感到恐怖的动作：原本慢慢向敏捷龙靠近的理理恩龙，突然加速，一瞬间跳到敏捷龙身边，张开大嘴，扭断了它的脖子。

　　敏捷龙求救的喊叫声还在空气中回荡，但它的生命已经结束。周围的怪叫声也渐渐消失——其他的敏捷龙知道，它们的伙伴已经永远地离去，群体的力量也无法使其起死回生。尽管在这场战斗中理理恩龙取得了胜利，但是它也被这种群体的力量所震慑，决定以后不再轻易招惹敏捷龙了。

前肢

　　理理恩龙的前肢较短，同时带有明显的原始特征——长有五指。这种特征，将伴随着进化逐渐消失，使它的后代们成为更恐怖的杀手。

埃弗拉士龙

生存年代：距今2亿1500万年前至2亿1000万年前的晚三叠纪
学　　名：Efraasia
学名含义：献给化石最早的研究者——埃伯哈德·弗拉士
食　　物：植物
体　　形：体长约6米
命 名 人：亚当·阿提
化石发现地：欧洲 德国

恐龙的晚年

　　埃弗拉士龙和我们三叠纪最著名的恐龙——板龙生活在一起，它们和板龙一样生活在距今2亿年前的欧洲。埃弗拉士龙和板龙一样，都要面对干旱炎热的气候。或许它们还和板龙一起组成群体，长途跋涉，去寻找水源和食物。但无论是板龙还是埃弗拉士龙，当它们年老的时候，将怎样度过呢？

　　欧洲大陆腹地，一片茂密的树林中，一只衰老的埃弗拉士龙独自待着。最近，降雨变得频繁了，原本荒芜的大地上出现了许多绿洲，有的甚至连成了一片。充沛的雨水使得植物疯狂地生长，也为食草动物提供了充足的食物，日子没有以前那样艰难了。但逐渐变好的环境并没有给这只埃弗拉士龙带来任何好处，因为它已经太老了。以前粗壮的后肢甚至出现了萎缩，浑浊的眼珠中也没有了以前锐利的目光，自己再也不能像以前那样自由奔跑、随意采食了。天边的积雨云终于连成了一片，大雨伴随着轰隆隆的雷声倾盆而至，豆大的雨点落在埃弗拉士龙的背上，它并没有在意。此时，它的思绪已经回到了几十年前那个充满活力的青春岁月。

比较大小

埃弗拉士龙身体比板龙稍小一些，体长约6米，相当于3个成年人展开双臂的长度。

被人误会的身材

　　埃弗拉士龙是一种体形中等的蜥脚亚目动物，其体长约6米，作为早期恐龙家族成员，其体形算是比较大了。起初埃弗拉士龙被认为是一种体形较小的恐龙，身长只有2米至3米。但是后来研究者发现关于埃弗拉士龙的一切信息全部来自一具未成年的个体化石。因此，在2003年，恐龙专家对埃弗拉士龙化石标本进行了重建，并指出成年的埃弗拉士龙身长可以达到6.5米，而现有最大的埃弗拉士龙化石标本（编号SMNS 12843）经过测量，其长度也达到了6.27米。

　　几十年前的故乡，气候干燥，植物也只在河流附近生长。河水由于没有降雨的补给，随时都有干涸的可能。干旱四处蔓延，有限的资源导致了激烈的竞争。很多时候，在耗费体力找到水源之后，还要击退前来猎食的肉食恐龙，保护群体中的幼崽儿，甚至要面对你死我活的激战。但这对于当时正值壮年的埃弗拉士龙来说，一切都可以处理得游刃有余，更何况它背后还有一个实力雄厚的大族群。

迁徙队伍中的板龙
　　埃弗拉士龙常常和板龙们一起组成庞大的迁徙队伍。

尾巴
　　埃弗拉士龙的尾巴很长，可以作为防御武器。

埃弗拉士龙和它的同伴儿曾经一起经历过风风雨雨。在它们迁徙的路上，曾经遭遇过一群敏捷龙的攻击，但是它们和板龙一起击退了敌人，保护了所有成员的安全。有一次，它独自出去觅食，遇到了一只埋伏在树丛后面的理理恩龙，险些死在理理恩龙的利齿之下，辛亏同伴儿及时赶来，击退了恐怖的理理恩龙，将受伤的自己带回队伍，细心照料……虽然当时生存环境十分艰难，但是它们还是挺过来了，并成为欧洲大陆上著名的植食恐龙。

灵活的前肢

埃弗拉士龙最突出的特点就是其前肢特别灵活，这种灵活来自其独特的腕关节，它们甚至可以用第一指抓住食物。

头部与脖子

埃弗拉士龙的脑袋较小，脖子细长。

四肢

埃弗拉士龙的前肢的指尖上长有锋利的爪子。它的后肢十分强壮，因此它们既可以用后肢两足行走，也可以用四肢行走。

恐龙百答：恐龙虽然灭绝了，但它是曾经生活在地球上的动物，所以研究恐龙的专家们会根据国际动物命名法为被发现化石的恐龙命名。大多数恐龙的名称是根据自身方面的一些特征确定的，还有一些恐龙被认为有特殊的习性而定名。此外，还有一些恐龙，是以最先发现它们化石的地点来命名的。

　　几十年过去了, 队伍中的成员不断变化, 和自己并肩作战的同伴儿有的已经离开这个世界, 新到来的生命在大家的呵护下不断成长……现在, 气候变好、食物稳定的幸福日子降临了。

　　时光的利刃还是在这只埃弗拉士龙身上留下了不可磨灭的疤痕, 它已经没有力气去享受了。它的牙齿只能咀嚼嫩嫩的树叶; 它的力气有限, 需要走走停停; 当面对肉食恐龙的袭击时, 它只能躲在年轻强壮的族员身后, 并准备随时逃走。有一天, 这只风光不再的埃弗拉士龙下定决心, 离开自己的队伍, 它不想成为大家的负担。

雨滴无情地打在老埃弗拉士龙身上，它缓慢地行走着。它知道死亡即将来临，想为自己找一处安息的地方。它来到一片河谷边，软软的沙石留住了它的脚步，周围众多的骨骸让它意识到这里曾是许多动物的最后一站。"就是这里吧。"它在心里默默对自己说。它慢慢地倒在地上，闭上了眼睛。没过多久，这只老埃弗拉士龙就停止了呼吸。

发现

　　在这只埃弗拉士龙死去不久，这个河谷就被洪水淹没了，泥浆很好地保存了埃弗拉士龙的尸骨。经过长时间的演变，尸骨变成了化石。亿万年之后，化石重新露出地表，并被古生物学家发现。

恐龙百答：奇尼瓜齿兽是一种小型肉食性动物，具有许多类似哺乳动物的特征，但是并不属于哺乳动物，而是属于已灭绝的合弓纲的一属。奇尼瓜齿兽与早期恐龙共存于同一地区，共同竞争。

原美颌龙

生存年代： 生存于距今2亿2200万年前至2亿1900万年前的晚三叠纪
学　　名： Procompsognathus
学名含义： 拥有优美下颌的祖先
食　　物： 肉类
体　　形： 体长1.2米，高0.4米，体重约5千克
命 名 人： 埃伯哈德·弗拉士
化石发现地： 欧洲　德国

沙漠中的绿色天堂

　　干旱，是欧洲大陆晚三叠纪气候的最佳代名词，持续的高温和少得可怜的降水使得一片一片的森林从大地上消失，取而代之的是漫无边际的沙漠。当然，这其中也有例外，在一处众山环抱的开阔低地中，由于地形的变化，使得地下水位上涨到地面以上，形成了一个小湖。充足的水源使植物茂盛地生长起来，一棵棵高大的树木拔地而起，地上也长满了蕨类植物。群山之中，这片绿色与周围相对荒凉的环境形成了鲜明的对比，也吸引了大批动物迁徙至此。

比较大小
　　原美颌龙是一种小型的肉食性恐龙，它的体重很轻，身高不及成年人的膝盖。

群山之间有一条直达绿洲的通道，地势相对平坦，大多数迁徙而来的动物都要从此经过。通道两旁是裸露的岩石，岩石中的矿物晶体在阳光的照射下闪闪发光，就像一盏盏不停闪烁的镁光灯，不停地照在来来往往的恐龙身上，把这里变成了一个天然的选美舞台。

过了很久，一群"选手"走了过来，它们修长健美的身形以及一身艳丽的斑纹让我们眼前一亮，特别是它那三角形的脑袋，更是与众不同。它们就是原美颌龙——一种生活在晚三叠纪欧洲大陆上的小型掠食者。

恐龙百答：不是。首先，它们生活的时间并不相同，美颌龙生活在距今1亿5000万年前，比原美颌龙晚了5000多万年。其次，美颌龙属于更进化的美颌龙科，而原美颌龙属于较为原始的腔骨龙科。

真双齿翼龙

生存年代：距今2亿1600万年前至2亿零300万年前的晚三叠纪
学　　名：Eudimorphodon
学名含义：长有两种不同牙齿的翼龙
食　　物：鱼类
体　　形：展翅后约1米
命 名 人：Rocco Zambel
化石发现地：欧洲　北美洲

神秘的翼龙

　　翼龙是第一群能够在天空翱翔的脊椎动物，是伟大的飞行家。如果说恐龙是中生代的陆地霸主，翼龙则是中生代的空中帝王。那么，翼龙是由什么进化而来并成为第一种占领空中的动物呢？

　　这个问题，直到现在还是未解之谜。根据化石推测，最早的翼龙出现在三叠纪的欧洲，但那时候出现的翼龙，已经进化得非常完美了，所以专家们无法推测它们是在什么时候演化成这样的，也不知道它们演变前的样子。

尾巴

　　长尾巴的末端可能有一个钻石形标状物。这个标状物可能在飞行时起到舵的作用。

翅膀与四肢

　　像所有会飞的爬行动物一样，真双齿翼龙有着皮膜形成的翅膀，它的翅膀从前、后肢之间伸展出来，并且顺着前肢长长的爪子长出。

比较大小

真双齿翼龙展翅后大概1米长，大约比成年人展开双臂的长度短一半。

忽然，通道上方的天空暗了下来，一群真双齿翼龙飞了过来。它们的翅膀是一张翼膜，翼膜由皮肤、肌肉和其他软组织构成，从胸部延长到前肢的第四根指头上，面积足以适应飞翔。飞行时，它们的头部与颈部形成一定角度，伸向前方。这群真双齿翼龙从天而降，迅速地掠过湖面，又飞向天空。

真双齿翼龙的牙齿

　　真双齿翼龙的嘴巴中长有114颗牙齿，但这些牙齿并不是同一类型的，而是分为两大类。

前半部分的牙齿巨大而锋利。

后半部分的牙齿虽然小巧，但是带有牙尖儿。

眼睛

　　这双大眼睛训练有素，能准确判断出水中的鱼和空中飞行的昆虫的位置。

牙齿与食物

　　成年的真双齿翼龙的食物主要是鱼类，因为它们的牙齿足够坚硬，可以咬碎鱼的鳞片。但是年幼的真双齿翼龙的牙齿还不够坚硬，它们会捕捉一些昆虫来填饱肚子。

恐龙百答：翼龙并不能像鸟类那样自由地长距离地翱翔于蓝天，只能在它的生活环境附近，如在海边、湖边的岩石或树林中滑翔，有时也会在水面上盘旋。

鞍龙

生存年代：生存于距今2亿2000万年前至2亿1500万年前的晚三叠纪
学　　名：Sellosaurus
学名含义：鞍形的蜥蜴
食　　物：植物
体　　形：体长约7米，高约2米，体重达1吨
命 名 人：温·休内
化石发现地：欧洲　德国

前肢

　　前肢较短，具有锋利的爪子，既可以抓握食物，也可以攻击不安分的肉食性恐龙。

后肢

　　后肢十分强壮，完全可以支撑站立的身体。

比较大小

　　鞍龙体重达1吨，是一种大型恐龙，它的身高要比成年人略高一些。

就在这时，一群鞍龙走了过来。它们一个个显得风尘仆仆，被太阳暴晒过的皮肤显得干干巴巴、疙疙瘩瘩，看起来疲惫至极，似乎随时都会晕倒。但是它们的眼睛充满了光彩，在它们大大的瞳孔中，倒映出绿绿的蕨叶和波光粼粼的湖水……它们知道幸福生活即将到来。

天色渐渐暗了下来，这美好的一天就要结束了，喧嚣的山谷渐渐安静下来，今天的选美大赛完美地落幕了。

与板龙相似的鞍龙

与著名的板龙一样，鞍龙也被发现于德国，而且鞍龙的体形和身体结构也与板龙十分相似，两者最大的不同就是鞍龙存在着异型齿，它嘴中的前、后齿的外形是不同的，而板龙嘴中的牙齿的形状则是一样的。很多古生物学家认为鞍龙和板龙之间存在演化关系，但是这个说法至今还没有被确认。

身体
长有小脑袋、长脖子、巨大的身体和长长的尾巴。

冈瓦纳大陆

非洲大陆和南美洲大陆当时所在的冈瓦纳大陆位于南半球。随着泛大陆的裂解，南美洲与非洲大陆也开始分裂，开始有海水灌入其中。和劳亚大陆一样，冈瓦纳大陆也从三叠纪开始逐渐向远离赤道的方向漂移。

现在的南半球

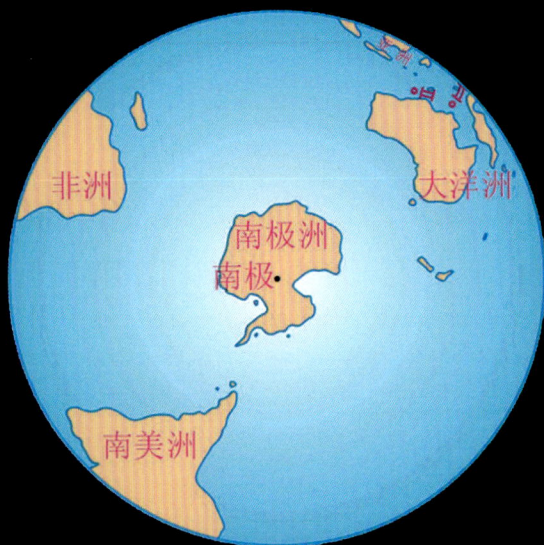

非洲　大洋洲　南极洲　南极　南美洲

气候

以沙漠为主的平原地貌，随着气候的变化，逐渐从干旱变为湿润，这些平原就成了生物的天堂。

火山爆发

三叠纪时非洲和南美洲大陆上的火山活动不是很频繁，仅在少数地区发生。

植物

　　冈瓦纳大陆孕育了著名的冈瓦纳植物群（又称为舌羊齿植物群），这种植物群在湿凉气候下生长，由多种低矮的乔木类植物组成，其中种子蕨类的羊齿苋和圆蛇羊是其中的主要植物。除此之外，种子蕨类植物如美瑞昂羊齿、箭羊齿、冈瓦纳羊齿，木贼类植物如杯叶、裂脉叶、与苛达相近似的拟诺格拉齐羊齿、与银杏植物相近似的似扇叶，以及美丽的楔叶等，都是三叠纪时非洲大陆和南美洲大陆上的主要植物。

木贼

舌羊齿

恐龙和其他动物

　　晚三叠纪的恐龙正处于黎明时期，但这一时期保留下来的化石数量并不多。当时生活在南美洲的动物主要是初龙类和合弓纲动物，肉食性动物包括劳氏鳄目蜥鳄等，植食性动物包括喙头龙科、二齿兽下目等。虽然这个时期恐龙还不是绝对的强者，但是随着时间的推移，它们的优越性慢慢地显现出来。最终它们的后代将其他大型猎食者赶尽杀绝，并占领了整个地球。

恐龙百答：始盗龙、恶魔龙、莱森龙等著名恐龙都生活在当时的南美洲大陆上。 ◀**105**

瓜巴龙

生存年代：距今2亿3000万年前至2亿2400万年前的晚三叠纪
学　　名：Guaibasaurus
学名含义：瓜巴市的蜥蜴
食　　物：肉类
体　　形：长2米，高0.7米，重约30千克
命 名 人：Jose Bonaparte，J.Ferigolo
化石发现地：南美洲　巴西　南大河州

与干旱搏斗

　　大约2亿3000万年前，第一群恐龙从初龙类动物中进化出来。当时的它们体形很小，轻巧而进化的身体结构已经预示了它们的成功。但在恐龙成为地球的统治者之前，包括瓜巴龙在内的早期恐龙，都要与干旱残酷的自然环境搏斗，这是它们成为陆地霸主的必经之路。

　　中三叠纪的南美洲大陆上，一只瓜巴龙在寻觅着。这天清晨，瓜巴龙成功地在自己的领地偷袭了一只正在啃食植物的农神龙，这足够维持它几天的能量消耗。然而成功捕猎并没有抚平这只瓜巴龙焦躁的心情，因为流经它领地的河流已经干涸，炎热的天气使它身体中的水分越来越少。为了延续生命，瓜巴龙不得不离开熟悉的领地，去寻找生命之源——水。

比较大小

　　瓜巴龙是一种体形较小的肉食性恐龙，它的身高不及成年人的腰部。

经过两天的寻觅，瓜巴龙依然毫无收获。午后的烈日炙烤着大地，仿佛一切都要被它熔化了一样。远处的景物由于地上蒸发的水分而变得模糊。许多动物都躲在树荫之下，一动不动。世界仿佛静止了。灼热而干燥的风吹在瓜巴龙身上，时时刻刻提醒着它，暴露在阳光下绝对不是什么明智之举。

干裂的土地

　　中三叠纪时，全球处于干旱、炎热之中。当时各大陆汇聚成一体，形成盘古大陆。由于没有特殊的地形来影响大气环流，整个地球的气候被行星风系控制，大气中的水分不能有效而频繁地转变成降水。因此，当时地球上到处都处于干旱、炎热的状态，处于赤道附近的南美洲大陆更是如此。

恐龙百答：瓜巴龙是一种非常原始的恐龙。由于关于恐龙的研究还在继续，也许以后还会有更加古老的恐龙被发现。

　　长时间在平原上游荡，这只瓜巴龙消耗了大量的水分，它随时都可能晕倒在地上，然后被其他肉食动物吃掉。虽然干渴、疲惫，但生存的本能还是促使它继续寻找水源。忽然，它发现远处模糊的景象隐约浮现出一抹绿色——那可能是一片绿洲！瓜巴龙打起精神，向绿洲奔去，尽管它知道那片绿洲可能是其他恐龙的领地，但是为了生存，它必须前行！

牙齿

　　瓜巴龙的嘴中长有细长、尖利的牙齿，这些紧密排列在一起的牙齿显示了其掠食者的身份。

瓜巴龙的原始特征

　　作为一种非常原始的恐龙，瓜巴龙的原始特征主要表现在它的四肢上：瓜巴龙的前肢短小，掌骨上长有五指，其中前三指较长，而第四指、第五指明显萎缩且变小；瓜巴龙的后肢长而健壮，生有五趾，其中第一趾较长，这个特征明显源自它们的祖先——初龙。

瓜巴龙已经靠近绿洲，为避免打草惊蛇，它悄悄地深入绿洲腹地。当它看清河边喝水的恐龙时，悬着的心终于放了下来，原来是农神龙——它们对自己毫无威胁，如果自己精力充沛，它们或许会成为自己的食物。瓜巴龙杀气腾腾地嘶吼着冲了过去，农神龙看到危险临近，迅速地跑开了。瓜巴龙顾不得农神龙的反应，迅速跑到河边，迫不及待地喝着清洌的河水——它得救了。畅快地喝完水之后，瓜巴龙在树荫下静静地休息，它不知道下次自己是否还能如此幸运。

农神龙发现瓜巴龙似乎并不打算进攻自己，便徘徊在绿洲边缘，等待着它的离去。然而瓜巴龙显然已经把这片绿洲当成了自己的领地，丝毫没有离开的打算。几个小时后，农神龙意识到了这点，只好悻悻离开，否则它们将成为这只瓜巴龙的食物。

头部

瓜巴龙的脑袋细长，头骨上的开孔很大，不但眼眶孔很深，眶前孔和鼻孔同样宽阔，也就是说，尽管瓜巴龙的脑袋很大，但是重量是很轻的。

身体

瓜巴龙的脖子和尾巴细长，身体纤瘦，是一种小型的奔跑迅速的恐龙。这种体形让它在三叠纪弱肉强食的世界中占有一定的优势。

农神龙

生存年代：距今2亿2000万年前至2亿零274万年前的晚三叠纪
学　　名：Saturnalia
学名含义：在与古罗马的农神萨图尔努斯相关的节日期间被发现
食　　物：植物
体　　形：体长约1.5米
命 名 人：麦克斯·朗格
化石发现地：南美洲　巴西

被驱逐的农神龙

　　和瓜巴龙一样，农神龙也是一种十分原始的恐龙。它看起来甚至不像一只恐龙，而更像一只能靠后肢站立行走的大蜥蜴。不过，和肉食性的瓜巴龙不同的是，农神龙被认为是当时南美洲地区主要的植食恐龙——在这片几乎荒凉的土地上，这群被驱逐的农神龙，不知道等待它们的将是什么。

比较大小
和大多数生活在三叠纪的恐龙一样，农神龙身体矮小，它的体长只有1.5米，比成年人展开双臂的长度要略短一些。

110

夕阳将西边的天空染成了血红色，徐徐的晚风吹散了炎热的空气，夜幕即将降临。南美大陆上凶险的一天即将过去，大地将趋于平静。然而对于这群被瓜巴龙驱逐出领地的农神龙来说，等待它们的并不是深邃、绮丽的星河和安逸、闲适的夜晚，而是充满未知的征途。它们必须与时间赛跑。夜色能给它们提供很好的掩护，对于没有尖牙利齿的农神龙来说，白天暴露在平原上只能是凶多吉少。

这群农神龙必须尽快找到一块新的领地，而这片领地必须满足一个条件，那就是拥有充足的水源。这是因为农神龙的身体矮小，只能吃到地面上的裸子植物，也就是当时的蕨类植物。这些植物主要靠孢子进行繁殖，这个繁殖过程离不开水。为了寻找新的水源，它们打算向南方迁徙。

三叠纪的南美洲大陆危机四伏，对于农神龙这样的小个子来说，它们必须时刻保持警惕。家族中为数不多的几只成年农神龙在队伍四周警戒，族长则在队伍前面带路。

夜幕降临，世界逐渐变得安静。但是农神龙仍然小心翼翼，它们知道，危险可能就隐匿在黑暗之中。

恐龙百答：除了同一时期的恐龙外，和农神龙生活在一起的其他动物还有喙头龙类、赛龙、小型蜥蜴和巴西兽、巴西齿兽等。 **111**

进食的农神龙

因为体形较小，农神龙主要以低矮的植物为食。在进食中，它们总是加倍警惕四周，稍有一点儿风吹草动，它们就会逃之夭夭。

| 种子蕨 | 大羽叶羊齿 | 舌羊齿 |

种子蕨、大羽叶羊齿、舌羊齿这几种植物都属于当时常见的蕨类植物，也是农神龙喜欢吃的食物。

农神龙的归属问题

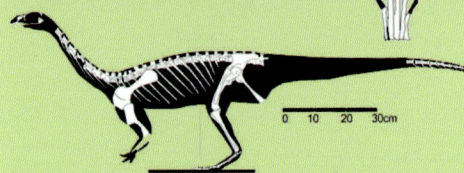

尽管我们暂时将农神龙归入蜥脚亚目，但是它的身体上同时表现出许多兽脚亚目的特征。2007年，古生物学家约瑟·波拿巴等人在研究南美洲三叠纪地层中的恐龙化石时注意到，农神龙与瓜巴龙在某些身体特征上非常相似，因此波拿巴建立了瓜巴龙科，并将瓜巴龙和农神龙都包括在其中。目前，关于农神龙的归属问题还在做进一步的研究。

忽然，族长停下了脚步，发出低沉的声音，警示族群停止前进，它们可能进入了其他恐龙的领地。族长试探着继续前进，远处灌木丛中的黑影进入了它的视线，有一个黑影开始缓缓向它们移动，危险可能正在临近。族长慢慢俯下身子，月光下，族长终于看清了对方，原来是自己的同类。警报解除了，这个家族又有了暂时的栖身之地。

由于生存环境的不断变化以及肉食动物的威胁，农神龙家族不断地向南迁徙。在迁徙的路上，既有逃脱猎杀的凶险，也有找到无主领地的幸运。就这样，经历了无数个日日夜夜，它们终于找到了一处水源丰富、食物充足的新领地。在那里，枝脉蕨类和木贼十分繁盛，水网茂密，是个十分理想的栖息地。同时，它们还能与科罗拉多斯龙、莱森龙和里奥哈龙这样温顺的好邻居一起生活。

身体

农神龙长有尖长的脑袋、细长的脖子、身体和尾巴。

前肢与后肢

农神龙的前肢和后肢都比较强壮，其中前肢长有四指，但第四指已经发生了明显退化。农神龙的后肢比前肢更强壮，这种身体结构使农神龙跑得更快。

里奥哈龙

生存年代：距今2亿2000万年前至2亿1500万年前的晚三叠纪
学　　名：Riojasaurus
学名含义：拉里奥哈（阿根廷的一个省）的蜥蜴
食　　物：植物
体　　形：体长超过10米，臀高约2.5米，体重约4.5吨
命 名 人：约瑟·波拿巴
化石发现地：南美洲　阿根廷　拉里奥哈省

共同生活

　　几个月前，一场山洪冲垮了河堤，大量肥沃的河泥被冲上地面，空气中弥漫的孢子也落了下来，萌发、成长，一片充满生机的湿地从此诞生。几周前，这片新生的绿洲迎来了自己的第一批访客——一个由里奥哈龙、科罗拉多斯龙和莱森龙组成的小群体。它们生活在一起，互不打扰。

里奥哈龙

　　里奥哈龙是一种体形很大的植食性恐龙，它们喜欢成群生活。由于身体巨大，它们总是成群结队地在森林边缘觅食，尽管当时有许多肉食性动物，但是它们都无法威胁成年的里奥哈龙。

科罗拉多斯龙

　　科罗拉多斯龙是这个群体中的小个子，由于身高的限制，它们只能啃食低矮的灌木。

最近雨水充足，新生的植物如雨后春笋般长了出来，组成一片欣欣向荣的"新大陆"。里奥哈龙、莱森龙和科罗拉多斯龙在这片新大陆上无忧无虑地生活着。然而美好的时光总是显得短暂，位于河流上游的火山，开始断断续续地冒出浓烟……生活在这片"新大陆"上的生物们，还能继续安全地生活下去吗？

莱森龙

生存年代：距今2亿1000万年前至2亿零500万年前的晚三叠纪
学　　名：Lessemsaurus
学名含义：莱森（人名）的蜥蜴
食　　物：植物
体　　形：体长约10米
命名人：约瑟·波拿巴
化石发现地：南美洲　阿根廷

莱森龙

　　莱森龙的体形较大，和里奥哈龙的大小不相上下，但是它们还是要面临来自劳氏鳄目动物的威胁。

科罗拉多斯龙

生存年代：距今2亿2100万年前至2亿1000万年前的晚三叠纪
学　　名：Coloradisaurus
学名含义：来自科罗拉多斯组的蜥蜴
食　　物：植物
体　　形：体长不足4米，体重约500千克
命名人：约瑟·波拿巴
化石发现地：南美洲　阿根廷南部

比较大小

　　下面三只恐龙按照体形大小排序，依次是里奥哈龙、莱森龙、科罗拉多斯龙。

恐龙百答：里奥哈龙是晚三叠纪南美洲最大的植食性恐龙。这种恐龙体长超过10米，臀高约2.5米，体重约4.5吨，比板龙要大得多。

　　这天，恐龙们正分批在河边饮水。忽然，远处传来一阵巨响，大地开始剧烈晃动，不断有巨大的碎石块夹杂着火焰崩裂出来，落在曾经安静的大地上。就在恐龙们惊恐之际，炽热的岩浆迸发了——没有时间了，恐龙们开始逃跑，跟随它们的还有许多其他小型动物。它们知道，稍迟一些，就会被火山灰和熔岩掩埋。

　　渐渐地，愤怒的大地平静了下来，这次火山喷发规模不是很大，但之前的那个"天堂"已经变成了一片火海。

几只幸运的科罗拉多斯龙、莱森龙和里奥哈龙逃出了火海，找到了一片绿洲。但它们不知道，它们即将面对的是南美洲最凶残的猎食者……

恶魔龙

生存年代：距今2亿零900万年前至2亿零200万年前的晚三叠纪至早侏罗纪
学　　名：Zupaysaurus
学名含义：恶魔的蜥蜴
食　　物：肉类
体　　形：体长4米，高约1.8米，体重约200千克
命 名 人：安德瑞·阿尔库奇，罗多尔夫·科里亚
化石发现地：南美洲　阿根廷　拉里奥哈省

AR

南美洲最顶级的猎食者

　　数千万年的进化，使得恶魔龙成为晚三叠纪末期南美洲最顶级的猎食者——中等、匀称的体形，是速度与力量的完美结合；强壮的颌骨与锋利的牙齿，是给予猎物致命一击的杀手锏……广袤的南美洲大陆对于恶魔龙来说，无异于免费的餐厅。

比较大小
　　恶魔龙是一种体形较大的肉食性恐龙，它站立时的高度大约和成年人的身高相同。

　　太阳即将升起，东方的天空变得亮白，恶魔龙睁开双眼，开始了它崭新的一天。当第一缕阳光普照大地，万物恢复生机，无数生物开始出来觅食——恶魔龙也是如此。

恶魔龙打起精神，开始四处游荡。终于在一片灌木丛边发现了一只正在啃食木贼的哈查尔兽。恶魔龙完全没有顾虑，直接跳到哈察尔兽面前，注视着自己的猎物——这只哈察尔兽拼命地嘶吼着，似乎想用吼叫声吓退恶魔龙。这种举动在恶魔龙眼里显得特别可笑，它不再犹豫，结束了哈察尔兽的生命。

哈查尔兽

哈查尔兽生存于三叠纪晚期卡尼阶的巴西与阿根廷，是当时幸存的少数二齿兽类之一。它是植食性动物，嘴里缺少牙齿，身长约3米，体重大约300千克，是猎食者理想的捕食对象。

太阳升至半空，发出耀眼的光芒，那只可怜的哈查尔兽已经成为恶魔龙肚子里的美餐。对于恶魔龙来说，接下来的任务才是真正的挑战——它要找到一只自己的同类，并努力地让对方喜欢上自己。

恐龙百答：二齿兽在三叠纪几乎遍及全球。它们的上颌长有两颗大长牙，身体短宽，四肢粗壮，肩部大而强壮，不过它们是性情温和的植食性动物。

　　恶魔龙在平原上寻觅着，它忽然发现湖边的森林中有一只雌性恶魔龙正在小憩。天赐良机，恶魔龙发出了一声洪亮的吼声，引起了对方的注意，随后迅速来到这只雌性恶魔龙的身边，使出了浑身解数。它使劲儿地摇晃着脑袋，做着夸张的动作，来充分地展现自己漂亮的头冠，以博取对方的好感。当它看到这只雌性恶魔龙时不时地回应自己的时候，便更加努力了，因为求偶快成功了。

雌性恐龙

　　在恐龙的世界中，雌性恐龙可能稍稍比雄性恐龙大一些，它们会选择自己认为足够强大的雄性恐龙做自己的配偶，共同承担抚育下一代的责任。

漂亮的头冠

恶魔龙的头冠鲜明而漂亮。这个头冠长在眼睛前上方的头骨上，由两片又薄又大的鼻骨构成，颜色鲜艳的皮肤包裹在骨板四周，像一个嵌满宝石的皇冠。

雄性恐龙

如果雄性恐龙想要得到雌性恐龙的喜爱，那么它必须在雌性恐龙面前展示自己，或用实际行动证明自己的实力，以打动雌性恐龙的芳心。

此时此刻, 湖边森林外围, 那些在火山喷发中幸存的莱森龙和里奥哈龙恰恰赶到, 引起了雄性恶魔龙的注意——望着不远处的猎物, 又看了看对面的雌性恶魔龙, 它觉得是展现自己真正实力的时候了。

凭借身体方面的先天优势，雄性恶魔龙轻而易举地完成了突击，捕杀了一只相对弱小的科罗拉多斯龙。雄性恶魔龙将食物推到雌性恶魔龙的对面，把它作为礼物送给对方。雌性恶魔龙接受了礼品，并示意可以一同享用食物。

求偶成功，毫不费力地捕猎，恶魔龙感觉生活是如此轻松、美好。但是它并不知道，这种顶级猎食者的地位是无数祖先通过在艰苦环境中磨砺进化而确立的，这个过程可能长达数千万年。

恐龙百答：肉食性恐龙需要一双犀利的眼睛，以便看清楚猎物。植食性恐龙的视力应该更好些，这样可以看清楚四周，时刻警惕来自任何一个方向的危险。

平原驰龙

生存年代：距今2亿3000万年前至2亿2800万年前的晚三叠纪
学　　名：Pampadromaeus
学名含义：平原上的奔跑者
食　　物：植物
体　　形：体长超过1米，高约0.4米，体重约5千克
命 名 人：Sergio F.Cabreira等
化石发现地：南美洲　巴西南部

头部

相对于平原驰龙的身体而言，它的脑袋较大，并呈长方形。在头部两侧长着一双大眼睛，可以敏锐地观察四周的情况。

牙齿

平原驰龙的嘴巴中长有约130颗牙齿，呈矛尖形，两边有弯曲粗糙的锯齿边缘。从牙齿结构上看，平原驰龙是植食性动物，它的主要食物是植物的枝叶。

比较大小

平原驰龙是一种体形很小的植食性恐龙，它的身高还不到成年人膝盖的位置。

关于追逐的故事

在三叠纪晚期，几乎每天都上演着激烈的追逐战。大多数肉食恐龙都有结实、善跑的身体和锋利的牙齿，它们可能像今天的老虎或豹子那样追踪猎物。生活在这个时代的植食恐龙还很原始，没有进化出角或骨盾这种身体防御结构，像板龙、里奥哈龙、莱森龙这样可以自卫的"大家伙"还是少数。大多数植食恐龙身材小巧，面对凶猛的捕食者，奔跑则是它们唯一的本能。在一场场的追逐战中，并不是肉食恐龙都能赢，也不是所有植食恐龙都会输，确切地说，追逐的结果与输赢无关，而和生存紧密相联。

晚三叠纪的南美洲大陆腹地，雨季的来临拉开了植物疯狂生长的序幕。在充足雨水的滋润下，蕨类植物漫山遍野地蔓延开来，灰黄的大地好像瞬间披上了绿衣。一只平原驰龙在平原上游荡，寻觅嫩嫩的枝叶。

身体
平原驰龙身体细长，后面有一条长尾巴。

四肢
平原驰龙的前肢短，后肢长。它的小腿长度大于大腿，是典型的依靠后肢行走和奔跑的恐龙。

恐龙百答：我们并不知道恐龙能发出多大的叫声，推测最响亮的叫声可能可以传播到25千米之外。 **125**

　　突然, 一只卡拉穆鲁鳄从一旁的巨石后面跳了出来, 对准平原驰龙狠狠地咬了下去。但卡拉穆鲁鳄用力过猛, 一下子扑空了, 把平原驰龙撞到了离自己更远的地方。卡拉穆鲁鳄的鲁莽行为让平原驰龙有机可乘——平原驰龙迅速地站了起来, 飞快地向远处奔去。卡拉穆鲁鳄不愿意放弃几乎已经到嘴的食物, 立刻紧追其后。尽管平原驰龙非常矮小, 但是它的身体结构非常适合奔跑, 而且耐力持久。卡拉穆鲁鳄身体巨大, 虽然行动迅速, 但是耐力不足。这场追逐战很快结束了, 平原驰龙很快就甩开了气喘吁吁的卡拉穆鲁鳄, 钻进了树丛。现在, 它需要找一个安全的地方, 好好休息。

比较大小

卡拉穆鲁鳄体长7米、体重700千克, 是一种凶猛的肉食动物, 它的身长是平原驰龙的7倍左右。

卡拉穆鲁鳄

卡拉穆鲁鳄生活在三叠纪南美洲的巴西，它们有锋利的牙齿、强壮的身体，是当时最具杀伤力的生物之一。

皮萨诺龙

生存年代：距今2亿2800万年前至2亿1650万年前的晚三叠纪
学　　名：Pisanosaurus
学名含义：皮萨诺（人名）的蜥蜴
食　　物：植物
体　　形：体长1米，高约0.3米，体重约3千克
命 名 人：皮萨诺
化石发现地：南美洲　阿根廷　拉里奥哈省

头部

　　皮萨诺龙长有一个颅骨很高、呈三角形的小脑袋，它的脑袋上有一对大眼睛，表明皮萨诺龙视力敏锐。

比较大小

　　皮萨诺龙是一种非常小的恐龙，它的身高只有0.3米，不及成年人膝盖高。

这是另一个关于追逐的故事。一场突如其来的瓢泼大雨没能让夕阳如期与万物见面，闪电不断地撕破天空，雷声震耳欲聋，绝大多数动物都选择躲在树林里，静静地等待着。傍晚的暴雨离开得很快，一道彩虹从远处山峰的半山腰中画出美妙的弧线，直挂天际。叶子上晶莹的水珠反射着阳光，仿佛整个大地镶满了璀璨的珠宝。一群皮萨诺龙正在啃食鲜嫩的蕨叶，鲜绿的叶子上挂着雨滴，同时夹杂着一丝泥土的芬芳，这一切让皮萨诺龙感到幸福无比。一只皮萨诺龙追寻着鲜草的味道，渐渐地来到了茂密的丛林边缘。专注地寻觅嫩草的皮萨诺龙没有意识到，它已经脱离了种群的保护区。

身体

皮萨诺龙身体纤瘦，尾巴较长。

四肢

虽然皮萨诺龙的前肢很短，但是有一对修长、健壮的后肢，这种身体结构非常适合奔跑。

恐龙百答：经过一系列的研究考察，皮萨诺龙被认为是目前已知的生存年代最早、形态最原始的鸟臀目恐龙。

始盗龙

生存年代：距今2亿3000万年前至2亿2500万年前的晚三叠纪
学　　名：Eorapto
学名含义：最早的盗贼
食　　物：肉类
体　　形：体长1米，高0.3米，体重约6千克
命 名 人：保罗·塞里诺
化石发现地：南美洲　阿根廷西北部

进化中的恐龙

始盗龙生活在距今2亿3000万年前至2亿2500万年前的晚三叠纪，是目前发现的较为原始的兽脚亚目恐龙之一。

始盗龙的来历与进化
①牙齿的进化

始盗龙的牙齿分为两个类型，从牙齿类型看，始盗龙应该是由植食性的祖先进化来的，并逐渐转变为一种小型掠食者。

在始盗龙的嘴前部长有树叶状的牙齿，这是典型的植食性恐龙的特征。

但是，始盗龙的大部分牙齿是弯曲的、边缘带有锯齿的尖牙，这又是肉食性恐龙的特征。

比较大小

始盗龙是一种体形非常小的肉食性恐龙，它的身高只有成年人的六分之一，不及成年人膝盖的位置。

130

始盗龙静静地隐藏在树丛中，紧紧地盯着远处成群结队的皮萨诺龙，它在寻找最佳的进攻机会。这只始盗龙曾经在捕捉皮萨诺龙的时候失败过，因为皮萨诺龙的身形和始盗龙差不多，而且皮萨诺龙同样是奔跑健将，可以轻松甩掉追捕它的动物。但是现在不同了，时间让这只始盗龙成熟了很多——它身强体壮，作战经验丰富。现在，猎物已经站在始盗龙的面前，它当机立断，猛地向皮萨诺龙扑去。

②四肢的进化

　　与以后的恐龙相比，始盗龙的四肢也证明了恐龙的身体结构是在不断进化的。始盗龙的前肢长有五指，而后来的肉食性恐龙不断进化，前肢爪指的数量逐渐减少，变成了比较常见的三指式。到了白垩纪，暴龙科的前肢退化为二指式，阿瓦拉慈龙科更是出现了一指式。此外，始盗龙的后肢也同样表现出了不断进化的特征，它的第一趾退化，第二趾、第三趾、第四趾着地。

追逐！

这是一场生与死的较量！皮萨诺龙拼尽全力，时而直线冲刺，时而跨越大石块和倒在地上的树干，时而紧急转向来摆脱后面的"死神"。但始盗龙紧追不舍——它现在还饿着肚子。

糟糕，皮萨诺龙因踩上了一块裸露光滑的花岗岩而滑倒。就在它刚要起身的时候，始盗龙已经扑上来了。由于惯性，两只龙翻滚着冲了出去。

在始盗龙吃力地压制皮萨诺龙身体的时候，皮萨诺龙的脖子便从始盗龙的口中挣脱出来，它拼尽全力站起身来，逃跑了。

　　就这样反反复复，又搏斗了好几个回合，皮萨诺龙终于招架不住。它的身上到处都是伤口，血肉模糊。它放弃了抵抗。经过长时间的追逐战，始盗龙也耗尽了全身的力气，此时它的四肢已经酸胀不已，仿佛不属于自己一样。当它意识到自己已经胜利的时候，甚至不能马上享用美餐，只能大口地喘着气，等待着体力恢复过来。

身体

　　始盗龙身体苗条，尾巴很长，十分灵活。

134

嘭，远处彩虹下的山峰又喷出了黑烟。始盗龙显然没有时间去理会，它正在专心地享用猎物。在山的另一头，一只几天前才破壳而出的小艾雷拉龙正跟在母亲后面，也发现了那座山峰的异样，不知道接下来又会发生什么。

头部

始盗龙长有一个长约9厘米的小脑袋。在这个小脑袋上，长着一双性能优异的大眼睛。

四肢

始盗龙的前肢较短，只有后肢长度的一半，这种身体结构表明它们是典型的两足奔跑者。

AR

哺育幼龙

有些人认为，像恐龙这种凶残、智商不高的生物，是不会照顾自己的孩子的。但事实上并不是这样。恐龙和其他爬行动物、鸟类一样，在产蛋之后，雌、雄恐龙都会细心地照顾自己的蛋和幼龙，直到它们的后代可以独立生存为止。

尽职尽责

拥有恐龙蛋的恐龙爸爸、恐龙妈妈，都会尽职尽责地守在自己的巢穴附近，防止发生意外。同时，它们也会时刻关注恐龙蛋的动静，以便及时帮助小恐龙破壳而出。

破壳而出

当小恐龙在蛋壳里发育成熟后，可能会用嘴撞开蛋壳。当恐龙妈妈或恐龙爸爸听到蛋里发出"咔咔"的声音后，会帮助小恐龙弄破蛋壳，让它们尽快呼吸到第一口空气。

恐龙蛋

由陆续发现的恐龙蛋化石可以证实：恐龙和现代爬行动物及鸟类一样，也会生下带硬壳的蛋。恐龙蛋的外壳坚硬而易碎，与我们常见的鸡蛋十分相似。不过，与鸡蛋不一样的是，恐龙蛋的形状并不都是椭圆形的，而是介于圆形与细长的椭圆形之间。恐龙蛋比鸡蛋大得多，但是与成年恐龙相比，显得十分细小，这足以说明，小恐龙的生长速度很快。

在蛋壳里的小恐龙的身体蜷缩成一团，脑袋埋在后肢之间，前肢抱着脑袋，尾巴则向上蜷曲。

几天前，湖边的沙土中，几只小艾雷拉龙破壳而出。三叠纪的南美洲大陆又迎来了新的生命。

站起来

破壳而出之后，它们的爸爸妈妈就会帮助它们站起来，并完成第一次行走。但小恐龙可能需要休息一段时间，才可以独立行走。

　　短短几天，几只小艾雷拉龙已经可以奔跑了——它们对这个陌生的世界充满了好奇，不断地四处探险。今天早上，它们甚至一起争先恐后地扑食了小蜥蜴。它们的爸爸妈妈却不那么乐观：附近山顶上冒出的黑烟已经越来越多，大地开始频繁地震颤。它们决定离开这里。恐龙爸爸和恐龙妈妈用头顶着小艾雷拉龙，催促它们赶紧赶路，可是小家伙们还以为爸爸妈妈在和自己玩耍，其中一只小恐龙还躲进了附近的山洞里……突然"轰"的一声，火山喷发了，疯狂地向外倾泻着炽热的岩浆。瞬间，两只小恐龙和它们的爸爸、妈妈被吞没了，只有那只调皮的小艾雷拉龙，幸存了下来……

三叠纪晚期的火山

　　盘古大陆在三叠纪时开始裂解，一些陆地的内部形成了裂谷，大陆被撕开，随着裂谷规模的增大，开始有海水注入，裂谷最终形成一片海洋，被撕开的大陆就被这片海洋所分隔，就像现今的大西洋以及大西洋两岸的美洲和非洲。因为陆地被撕开，形成裂谷，所以分裂处的地壳的厚度就会变薄，位于地下深处的炽热岩浆就容易涌上地面，形成火山。

艾雷拉龙

生存年代：距今2亿3000万年前至2亿2800万年前的晚三叠纪
学　　名：Herrerasaurus
学名含义：艾雷拉（化石的发现者）的蜥蜴
食　　物：肉类
体　　形：体长3米至6米，高1.1米，重210千克至350千克
命 名 人：奥斯瓦尔多·雷格
化石发现地：南美洲　阿根廷

　　突如其来的火山喷发夺走了小艾雷拉龙家人的生命，当它从山洞中走出来的时候，看到的是一个灰蒙蒙的世界。它知道自己的家园已经没有了，爸爸妈妈也不在了，它不知道自己该去哪里，只能凭借本能盲目地跌跌撞撞地前行。不久之后，小艾雷拉龙遇到了一只同样落单的南十字幼龙。在暗无天日的日子里，两只幼龙相互依偎在一起，相互安慰。对于两只小恐龙而言，沿途危险异常：除了没有水源和食物之外，它们还要时刻警惕其他食肉动物的袭击。另外，植食恐龙庞大的队伍也让它们惴惴不安，它们不但无法获取食物，还可能受到狂躁不安的巨型恐龙的反击，葬身在它们巨大的身躯下。在充满凶险的迁徙之路上，南十字幼龙和小艾雷拉龙会安然无恙吗？

比较大小

　　艾雷拉龙在当时算得上是较大的恐龙了，不过，它的身高只能达到成年人腰部的位置。

黄昏的时候，迁徙路上的一个小积水潭周围发生了一场混战，激战中发出的怒吼响彻平原。南十字幼龙和小艾雷拉龙躲在远处的高地上，静静地观察着。尽管现在它们饥渴难耐，但现在走过去，显然不是什么明智之举。嘶吼伴随着水潭边上植物的晃动，它们只能默默地等待。

艾雷拉龙

艾雷拉龙的个头儿相对较大，它们成年后的体长可能会超过5米，在三叠纪晚期算是最大的掠食动物。虽然艾雷拉龙的身体灵巧，但是性情凶猛，也会攻击小型的肉食恐龙。艾雷拉龙是一种很原始的恐龙，它们比始盗龙更加古老。但是现在，这只小艾雷拉龙还很弱小，没有能力攻击比它大的动物。

南十字龙

生存年代：距今2亿2500万年前的晚三叠纪
学　　名：Staurikosaurus
学名含义：南十字星座的蜥蜴
食　　物：肉类
体　　形：体长2米，高0.8米，体重约30千克
命 名 人：内德·科尔伯特
化石发现地：南美洲　巴西

比较大小

南十字龙是一种体形较小的肉食性恐龙，它的身高不及成年人的腰部，体重也比较轻，只有30千克。

午夜，水边的喧闹终于平息下来。南十字幼龙和小艾雷拉龙小心翼翼地走了下去，它们想去碰碰运气。岸边躺着几个黑乎乎的东西，南十字幼龙鼓起勇气，慢慢靠近——原来是在激战中死去的恐龙的尸体，真是"踏破铁鞋无觅处，得来全不费工夫"。水和食物都有了，两个小家伙狼吞虎咽地吃了起来。水足饭饱之后，它们赶紧离开了这片是非之地。

南十字龙

南十字龙是一种体形较小的动物。南十字龙的身体结构与一般的小型肉食性恐龙类似，长有大大的脑袋，圆圆的眼睛，身体苗条，前肢短，后肢长。南十字龙是一种非常奇特的恐龙，在它的身上既有兽脚亚目的特征，又有蜥脚亚目的特征，它和艾雷拉龙可能是蜥臀目的祖先兽脚亚目和蜥脚亚目进化的过渡期动物。

南十字幼龙和小艾雷拉龙来到一片树林中，准备在这里过夜。前方的路还很远，它们不会永远像今天这样幸运，它们必须学会战斗。但是在此之前，它们只能祈求时间过得快一些，这样就能快些强壮起来。

滥食龙

生存年代：距今2亿3100万年前至2亿2830万年前的晚三叠纪
学　名：Panphagia
学名含义：什么都吃的家伙
食　物：杂食
体　形：体长1.3米左右
命名人：奥斯卡·艾尔科博等人
化石发现地：南美洲　阿根廷

庞然大物的祖先

你相信吗？身长仅有1.3米的滥食龙竟然是那些体形巨大的蜥脚亚目恐龙的祖先。一系列的研究成果显示，滥食龙是目前发现的最原始的蜥脚亚目恐龙。从骨骼上看，滥食龙与和它同样原始的农神龙十分相似，但是从牙齿、食性等其他方面来说，滥食龙则表现出更加原始的特点。尽管当时的滥食龙个头儿十分矮小，身体结构也十分原始，但是在以后的岁月中，它们根据环境与食物的变化，选择自己的进化方向，终于成为一种体形巨大、四肢行走、拥有小脑袋和长尾巴的优势恐龙。

它们都是蜥脚亚目恐龙

蜥脚亚目是蜥臀目恐龙的一个演化支，是生存于三叠纪中期到白垩纪晚期的一种优势植食恐龙群体。蜥脚类恐龙的进化过程十分奇妙：它们由最初体形矮小的个体，演化成地球上出现过的最大的陆地动物。那么，哪些恐龙属于原始的蜥脚亚目恐龙呢？哪些恐龙又属于发展后的蜥脚亚目恐龙呢？生活在三叠纪中晚期的滥食龙、农神龙、槽齿龙是被发现的最原始的蜥脚亚目恐龙，三叠纪晚期的埃弗拉士龙、黑丘龙、板龙、鞍龙的体形已有变大，成为当时占有优势的植食恐龙。到侏罗纪和白垩纪时，蜥脚亚目恐龙的体形持续成长，最大的如超龙、地震龙、阿根廷龙，身长可达30米至40米，体重可达60吨到100吨。

比较大小

滥食龙体形较小，它的身高大约能达到成年人膝盖的位置。

幽暗的森林中，几只蜥蜴正在一具动物的尸体上爬来爬去，它们实在是拿这些坚硬的皮肤没有办法，只能寻找薄弱的突破口。死去的是一只年老的喙头龙科动物，它非常幸运地寿终正寝，但是尸体还是被掠食者发现。蜥蜴并不是唯一发现尸体的动物，旁边的蕨类植物突然晃动起来，一只滥食龙从里面钻了出来。蜥蜴不想惹麻烦，纷纷从尸体上跳下来，逃走了。

恐龙百答：尽管恐龙和蜥蜴都属于爬行动物，但是它们的身体结构并不相同，并不是同一种动物。 ◀**145**

滥食龙抬起头环顾四周，就在它开始进食的时候，丛林中传来一阵阵响声。滥食龙定定地站在那里，停止了一切行动，紧紧地盯着声音传来的方向——从声音它判断出，对方是一种比它身材高大的肉食动物。此时，滥食龙做出了一个正确的决定：把食物让给对方，在对方没有发现自己之前逃之夭夭。滥食龙宁愿趴在树干上费劲儿地采食树叶，也不愿意成为其他猎食者的食物。

头部
　　滥食龙的头较为细长，嘴中长有成排的锋利的牙齿。

脖子
　　长长的脖子，可以灵活转动。

前肢
　　前肢较短，掌部长有三根细长灵活的手指，第四指则退化，变得很短。

后肢
　　与前肢相比，滥食龙的后肢就要强壮得多，可以看出，它平常主要靠两条后腿奔跑，速度也很快。

由牙齿得出的推论

　　滥食龙可能属于杂食性动物，也就是说肉类和植物都是它们的食物。这一推断来自化石中的牙齿。滥食龙的上、下颌骨前后的牙齿外形并不相同，前部的牙齿呈匕首状，边缘带有锯齿，可以轻易地切开皮肉，是典型的肉食性恐龙的特征；后面的牙齿则呈树叶状，是典型的植食性恐龙的特征。不同的牙齿类型表明滥食龙可能是由肉食性动物进化而来的，在长期的生存中由于食物的转变，其牙齿的组成和外形也随之发生了变化。

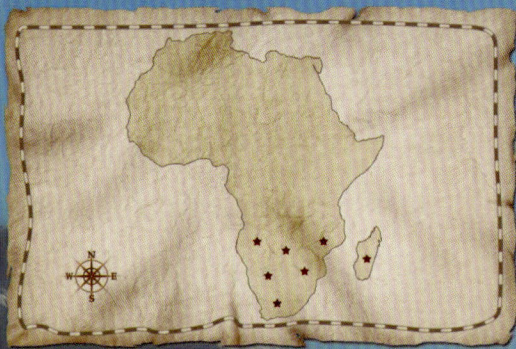

黑丘龙

生存年代： 距今2亿1000万年前至1亿9000万年前的晚三叠纪至早侏罗纪
学　　名： Melanorosaurus
学名含义： 来自黑色山脉的蜥蜴
食　　物： 植物
体　　形： 体长约8米，高约2.5米，体重2吨左右
命 名 人： 耶茨等人
化石发现地： 南非东南部

比较大小

　　成年的黑丘龙身材高大，体重达2吨，它的身高大约是成年人身高的1.5倍。

非洲大地上的巨无霸

如今的非洲大陆充满了狂野和神秘。早在三叠纪的时候，非洲大陆广袤的平原、奔腾的河流和茂密的植物使这里成为动物们的天堂。这里既有群兽奔腾的壮观，也有夕阳西下的凄美，既有生物一同生活的和谐，也有争斗时你死我活的凶险。晚三叠纪的非洲大陆上，体形最大的恐龙要数黑丘龙了，它的体长约8米，高约2.5米，体重2吨左右，在当时还以小型动物为主体的非洲大陆上非常突出，在远处就能看到它们的踪迹，它们行动缓慢、体积巨大，行走时犹如一群移动的小山丘。当时，与黑丘龙齐名的还有板龙和埃弗拉士龙，它们都是当时恐龙中的"巨无霸"。

群居的黑丘龙

黑丘龙是体形较大的植食性恐龙。它们的生活方式和板龙一样，是群居动物。大群的黑丘龙会在开阔地上行走，寻找食物和水源。小黑丘龙会跟在成年黑丘龙身边，以得到更好的保护。

成年的雄性黑丘龙有一个最大的特点，就是争强好胜，可能是为了在寻求配偶的时候吸引异性，也可能是为了争夺族群中的地位。总之，在非洲大陆上，只要有黑丘龙的地方，就随时可能发生争斗。通常黑丘龙都要以怒视对方的方式来展开决斗，还时不时地怒吼几声来震慑对手，当然有时也是为了吸引雌性黑丘龙的注意。看，一只黑丘龙开始向另一只黑丘龙发出了挑衅的吼声，争斗一触即发。

　　其中一只黑丘龙主动发起了攻击，用身体不停地推挤对方，用脖子奋力压制对方，把尾巴甩得呼呼作响……而对方也不甘示弱，用尽全力抵抗着。一阵僵持过后，双方耗尽了体力，但是都没能将对手制服。精疲力尽的两只黑丘龙松开对方，双方都有点儿不服气，依然盯着对方，时不时地怒吼一声。事实上，当时成年的黑丘龙几乎没有什么天敌，庞大的身躯能让它们在抵抗其他食肉动物的战斗中占据优势，但它们和其他动物一样，面临着环境日益恶化的问题，它们不像人类可以主动改造环境，当厄运来临时，它们束手无策，只能接受宿命。

头部
　　黑丘龙长有一个较长的小脑袋，外形呈三角形，嘴中长有细长的牙齿。

黑丘龙是蜥脚亚目恐龙的一员。从下面的骨骼图中，我们可以看出，黑丘龙的骨骼巨大。同时，我们也可以观察到，黑丘龙的脊椎骨是中空的，这样的结构可以有效减轻身体本身的重量，这也是蜥脚亚目恐龙不断进化的结果。

站起来的黑丘龙

黑丘龙虽然身体沉重，但是有的时候可以依靠后肢站立起来，比如在寻找食物和防御的时候。黑丘龙的前肢上长有大爪子，遇到危险的时候，它们就会站起来，然后挥舞着手上的大爪子痛击敌人。

四肢

黑丘龙的四肢粗壮有力，可以支撑它强壮的身体。

始奔龙

生存年代：距今2亿1000万年前的晚三叠纪
学　　名：Eocursor
学名含义：开始的奔跑者
食　　物：植物
体　　形：体长1米，高0.25米，体重1千克至3千克
命 名 人：大卫·诺曼·罗杰·史密斯等
化石发现地：南非

生物最大的敌人

　　每种生物在食物链中都占据着各自的位置，通常情况下，生物不会因为捕食与被捕食的关系而遭到灭绝，食物链的作用就是维持生物动态的平衡。当猎物减少时，捕猎者的数量也会随之下降。因此，生物最大的敌人不是那些位于自身食物链上端的捕食者，而是环境。持续干旱的气候、地震、海啸以及火山喷发都可能导致大批的生物死亡，甚至是物种的灭绝。

比较大小

　　始奔龙是一种非常小的植食性恐龙，它的身高只有成年人的七分之一。

保持警惕的始奔龙

作为小型动物,始奔龙的敌人很多,因此它们必须时刻保持警惕。始奔龙就像今天非洲的小羚羊一样,它们通常一边吃东西,一边警惕地观察四周的情况,样子看起来有点儿滑稽。

在一处靠近大山的茂密丛林中,生活着一群小型哺乳动物、昆虫以及植食性恐龙,大家彼此互不打扰,和睦相处。始奔龙就是其中的一员。

一场突如其来的暴雨打破了动物们平静的生活。黄豆般大小的雨点肆无忌惮地砸向大地,打得叶子声声作响。地面上瞬间出现了一条条水流,水流聚集在一起,形成湍急、泛滥的洪水。动物们纷纷寻找安身之处,祈祷暴雨可以快点儿停下来。

事与愿违,暴雨根本没有停下来的兆头。时间在一分一秒地过去。原本疏松的山体在雨水的冲击下,不断解体,大小不等的石块夹杂着泥土被水流冲了下来,山上流下来的水流也开始变得混浊不堪。这时,许多动物冒雨离开,但始奔龙们迟迟不肯离开,它们留恋这里的生活,不愿面对外面危险的世界,它们固执地等待着暴雨的停止。

恐龙百答:始奔龙的化石发现于南非的下艾略特组,是保存最完整的三叠纪鸟臀目化石,它的发现有助于了解鸟臀目的起源。

始奔龙对这里的恋恋不舍给它们带来了灭顶之灾。

一处山体终于抵挡不住水流的冲击，形成了塌方。本来分散的流水瞬间汇集成一条，巨大的水量加上沙石从山腰奔腾而下，山脚下的森林告急！等到始奔龙意识到该逃跑的时候为时已晚，呼啸而来的泥石流瞬间摧毁了整个丛林，在山洪的冲击下，始奔龙来不及反抗，瞬间被埋葬在激流之中。

不知道多少年之后，始奔龙的尸骸形成了化石，静静地等待着人类的挖掘。

头部
　　始奔龙的脑袋较小，骨骼结构轻巧，它们长有一双大眼睛。

牙齿
　　始奔龙的牙齿呈三角形，与鬣蜥类似，这是典型的植食性恐龙的牙齿。

前肢
　　它们的前肢短小，末端长有五指，其中前三指发达，具有抓握能力，可能用于挖掘。

154

最原始的三叠纪鸟臀目化石

1993年，始奔龙的化石发现于南非，是最完整的三叠纪鸟臀目化石。它们的发现有助于了解鸟臀目的起源。那么有哪些恐龙是其中的成员呢？比较有名的包括剑龙、三角龙、肿头龙。

后肢

始奔龙的后肢非常发达，奔跑速度极快，是一种行动敏捷、反应迅速的动物。

索 引

图书在版编目（CIP）数据

艰难的崛起 ／ 长春市明洋卓安文化传播有限公司编著． ——
长春：吉林出版集团有限责任公司，2015.6
　　（恐龙时代 ／ 江泓主编）
　　ISBN 978-7-5534-6689-7

Ⅰ．①艰… Ⅱ．①长… Ⅲ．①恐龙－少儿读物 Ⅳ．
①Q915.864-49

中国版本图书馆CIP数据核字（2014）第301933号

恐龙时代
艰难的崛起
JIANNAN DE JUEQI

作　　者／长春市明洋卓安文化传播有限公司 编著
出 版 人／吴文阁
策　　划／姜伟东
责任编辑／朱子玉　张柏赫
封面设计／檀　畅
开　　本／889mm×1194mm　1/16
字　　数／20千
印　　张／10
印　　数／1-10000册
版　　次／2015年6月第1版

印　　次／2015年6月第1次印刷
出　　版／吉林出版集团有限责任公司（长春市人民大街4646号）
发　　行／吉林音像出版社有限责任公司
地　　址／长春市绿园区泰来街1825号
电　　话／0431-86012872
印　　刷／辽宁星海彩色印刷有限公司

ISBN 978-7-5534-6689-7　　定价／68.00元